中山出版
ZHONGSHAN PUBLISHING
香山承文脉 新书续百年

品质感

精致生活才是过日子

赵欣 著

SPM
南方出版传媒
广东人民出版社
·广州·

图书在版编目（CIP）数据

品质感：精致生活才是过日子 / 赵欣著. — 广州 :广东人民出版社, 2019.9
ISBN 978-7-218-13799-5

Ⅰ.①品… Ⅱ.①赵… Ⅲ.①女性－成功心理－通俗读物 Ⅳ.①B848.4-49

中国版本图书馆CIP数据核字(2019)第188744号

PINZHIGAN: JINGZHI SHENGHUO CAI SHI GUO RIZI

品质感：精致生活才是过日子　赵 欣 著　

出 版 人：肖风华

责任编辑：李锐锋　冼惠仪
装帧设计：陈宝玉
封面设计：蓝美华
封面插画：高 岑

统　　筹：广东人民出版社中山出版有限公司
执　　行：王 忠
地　　址：中山市中山五路 1 号中山日报社 8 楼（邮编：528403）
电　　话：（0760）89882926　（0760）89882925

出版发行：广东人民出版社
地　　址：广东省广州市海珠区新港西路204号2号楼（邮编：510300）
电　　话：（020）85716809（总编室）
传　　真：（020）85716872
网　　址：http://www.gdpph.com
印　　刷：广东信源彩色印务有限公司
开　　本：787mm×1092mm　1/32
印　　张：7　字　数：123千
版　　次：2019年9月第1版　2019年9月第1次印刷
定　　价：42.80元

如发现印装质量问题影响阅读，请与出版社（0760-89882925）联系调换。
售书热线：（0760）88367862　邮购：（0760）89882925

前　言

　　我写这本书的初衷是为了帮助更多迷途羔羊找到属于自己的正确的人生方向，并帮助他们将忙碌、疲惫、无味的日子过得精致、讲究、有品质。

　　无论是在生活还是工作中，很多人都会问我这样的问题：

　　"为什么现在的人活得这么累，幸福感这么低？"

　　"明明是在努力向上，为什么却有点讨厌现在的自己？"

　　"我望尘莫及的终点，竟然是他人的起点，为什么这么不公平？"

　　"我知道这样不好，但真的按捺不住心里的无名火，怎么办啊？"

　　"我的心里一直有块石头硌着，但碍于世俗，我不得不选择这条路。"

　　可能是生活节奏太快，我们只能紧跟其步伐，很少有时间能真正停下脚步来，认真地打量自己的工作和生活。就这样，在一次次抉择中，我们背离了最初的梦想，心不甘、情不愿，自然度日如年。

我们害怕世俗的眼光，一味地选择牺牲自己去成全家庭、成全别人，自己却不得不活得越来越将就。

但当这样的我们把生活过得一团糟时，才忽然意识到，原来这种生活不是所有人的常态。上天好像把"生活的苟且"都给了我们，而把"诗和远方"都给了别人。为什么他们对生活的激情没有被磨灭？为什么他们能活出属于自己的幸福？为什么他们可以兼顾家庭和事业？为什么上天总是在成全他们？

因为所有享受生活质感的人，都是把自己爱到骨子里的人，他们清楚地知道自己一生追求的是什么，也不会因为任何原因而轻易改变自己的人生航向。这就是他们拥有幸福的原因。

如果你刚好拿起这本书，至少可以说明你已经开始寻求改变目前生活状态的方法了，那么不妨让这本书成为你改变自己的起点，从这本书开始，学会真正地爱自己、爱生活。

找回那个曾让你满血复活的梦想，并为之全力以赴；梳理那些每天让你焦头烂额的负面情绪，不要一味地委屈求全，与其做个"拧巴人"，不如挣脱生活的枷锁来得畅快；摆脱世纪难题——拖延症的困扰，让自己成为一个高效率的行动派；放下单身焦虑，让自己学会拥抱孤独，并学会在孤独中提升自己，静待花开时的美好；学做一个高情商的人，让自己无论身处职场还是家庭都能游刃有余。

每天晨起给自己加油鼓劲，独处时品一杯红酒，看一场电影，一口一口品尝美食的滋味，每年来一场放松心灵的旅行，给自己做好每一项规划。

品质感，就是把忙碌、疲惫、无味的时光过成精致、高级、有质感的日子。这个世界喜欢把生活过得精致细腻的人。品质感立足于看得见的生活细节里，渗透于看不见的生活态度中，让我们面对平淡的岁月时不会感到无趣、清苦和迷茫……有品质感的人，能把生活的一点一滴储存为内心细致的感受，既可以静静品味所有美好，也可以坦然面对一切糟糕，心存期盼，活出自己想要的生活质感。

如果你想这么做，请勇敢迈出第一步，并且在任何时候都不要放弃自己。本书也较为详细地介绍了一些关于如何改变自己的方法，希望在读完这本书后，你能以一个全新的姿态，去打造属于自己的品质生活。

目　录

第三章
给自己品味孤独的契机

第六章
学会微笑着管理情绪

第七章
做高情商的生活智者

第一章

让每个日子都幸福感满满

每天离梦想的实现更近一步

什么是品质感？有人说品质感总会给人"昂贵"的感觉，你看那些明星艺人，他们的审美随时"在线"，无不彰显品质与高级，这都是归功于他们有御用大牌化妆师用大牌化妆品帮他们打造出无可挑剔的精致妆容。当然，还有那动辄上万的行头。

其实不然，品质感之所以给人"昂贵"的感觉，不仅仅是由于这些附加物品的高级和昂贵，更因为它无形中体现着你的自我价值。那是一种历尽千帆之后的淡定与从容；是一种心无旁骛、与世无争的含蓄与沉稳；更是一种任尔东西南北风、我自岿然不动的执着与坚持。

品质感是一种独特的气质，独立于所有气质之外。品质感不是天生的，亦不是靠物质来彰显，而是你有梦想，通往梦想的阶梯或许很长很陡，布满荆棘，但你每天都可以离它更近一步。

著名导演孔笙带给观众很多经典的影视剧作，《父母爱情》就是其中最经典的一部。我看了很多遍，百看不厌。剧中角色安杰的姐姐安欣虽没有主角光环，却也给我留下深刻的印象。

记得有一段讲的是，欧阳懿被打成"右派"，下放到海岛。安欣毅然放下城市里安逸的生活，跟着欧阳懿一起去往海岛。岛上的生活困苦不堪。每天出海打鱼的日子，已经使他们身体上承受巨大的煎熬，而精神上还要忍受流言蜚语的折磨。即使是在这样的境遇中，安欣依然能做到"和别人都不一样"。剧中有如下两个细节：

一是在安欣在伺候妹妹安杰坐月子的时候，碰到葛老师前来探望，她递给葛老师一杯茶，很客气地说了一句"您请用茶"。

二是，德华因为机缘巧合，在安欣海岛的家里住过一晚，后来回忆起来时她这样说："虽然安欣生活的环境很差，房子也很小很破，但是她们家就是不一样，很整洁，就连被子都有一股香胰子味。"

安欣在海岛的生活异常窘迫，她不再是城市里的娇小姐，没有光鲜亮丽的衣着；以前吃牛排、喝红酒，现在啃窝窝头、吃咸菜；以前体体面面去上班，现在和渔民一样忍受风吹日晒，从事繁重的体力劳动。"仓廪实而知礼节，衣食足而知荣辱。"我们当中的很多人可能会说，温饱都保证不了，谁还有心情关心桌子是不是干净、被子是不是有香味呢？

但是生活的困顿或许使她的容颜苍老了，却没有撼动她骨子里的素养以及对"诗和远方"的追求，这就是生活的品质感。追求品质生活的人，不会因为生活的艰辛就放弃对自己的要求和标准，得过且过，人云亦云。

你的生活有品质感吗？帝都米贵，生活不易，你是不是每天都奔波在家庭、工作、客户三点一线的轨道上，循环往复。每天回到家只想倒头大睡，厨房一片狼藉，或许还有上个星期吃剩的泡面；客厅甚至没有一席之地落座，衣服、鞋袜叠加堆放在每个角落；卧室的被单已经隐隐可以闻得到你的"体香"，杀菌消毒，全靠每天为时不多的"日光浴"。你说生活好累，让你连喘息的机会都没有，哪有时间做家务。不好意思，你只是在为生计奔波，而不是真的生活。

刘文是从大山深处走出来的孩子，从小品学兼优。据她描述，在那个落后的山村里，可以考进大城市读大学的人寥寥无几，而她是其中之一。刘文身上背负着父母对自己的殷切希望，所以即使上了大学，她也从没放松过对自己的要求。

六个人的宿舍，一样的床铺被褥，一样的书柜衣柜，她的总是显得那么整洁，就像黑夜里的明珠。她的衣服虽不是最新的款式，但经过反复浆洗的素棉布衬衫穿在她身上，却显得那么得体。

下课之后，舍友们相约逛夜市，或享受美食，或大肆购物，满足这个年纪的女孩都有的"虚荣心"。刘文呢？图书馆、自习室，雷打不动，仿佛那里才有她想要的东西，四年大学，始终如一。

大学毕业以后，她找到一份自己很喜欢的工作，这似乎一点也不意外，因为上天总是会格外眷顾努力的人。除此之外，她还找到了一间不大的房子，周围环境很好，在城市的郊区，通勤路程较长，但是她不觉得辛苦。用她的话说，就是"远离了城市的喧嚣，像回到大山里，是心静的感觉"。这间不大的房子，我去看过，很温馨，采光很好，物品摆放依然那么井井有条。房间里弥漫一股花香，是她自制的干花熏香，她说那是妈妈以前教给她的手艺。

通过刘文的例子，不难看出，生活的品质与金钱无关，普通人依然过着有品质的生活。从大山里考上大学的刘文，一直没有忘记她上大学的意义是什么。没有随波逐流，是因为有一种力量已经根深蒂固地植在她的心间，毫无疑问，那是对梦想始终如一的坚持与不懈努力，那是对生活细节、生活品位的追求。

在这个物欲横流的社会中，我们很多人可能错误地解读了"品质感"，认为生活的品质就是靠金钱、名牌堆砌出来的。"人靠衣服马靠鞍。"价格不菲的行头一上身，立马有了品质感。其实不然，或许表面的品质感需要这些附加条件的伪装，但是真正的品质只能靠内在的修养。试想一下，你身着名牌，出入各种高端场所，或许看起来高级又不乏品位，但是你胸无点墨、出言无状的样子，却欺骗不了大众的眼睛。

有人说："我天生就和品质感无缘了。"那你就错了，品质感并不是天生的，它不仅可以通过后天努力获得，而且从来不排斥普通人，更不排斥有梦想的普通人。

有梦想的人是自带光环的，不信？你看他们在人群中那么抢眼；他们对梦想的追求坚定而执着，用风雨无阻来形容他们，一点也不夸张。他们的眼神中总是生机满满，看不到半点灰色，也没有半点迟疑。他们总是能合理地安排好自己的生活时间表，让自己在追梦的同时也能活得惬意。

想追求生活的品质感，其实很简单，从现在开始，做一个有梦想的人，每天离梦想更近一步。

首先，明确你的梦想，指引前进方向。

你有梦想吗？你对你的梦想还有激情吗？回答不上这两个问题，那么你就没有真正的梦想，或者可以说，你一直以来自以为是的梦想只是一个愿望，而且是一个永远也不会实现的愿望。因为梦想不是随口说说，需要激情作为动力，才能不断前进。明确梦想很重要，它直接决定了你前进的方向。

其次，克服自身惰性，不要随波逐流。

对于实现一个有价值的梦想而言，信念的力量是绝对不可小觑的。电视剧《士兵突击》里，许三多（王宝强饰）首次得到众人的认可，源于333个腹部绕杠。在这之前，没有人看好他。高连长讲话时连眼神都会不自觉地跳过他，他不想给班级荣誉抹黑。流动红旗却一次次因为许三多而流动到战友班级。那时候谁也不会想到，333个腹部绕杠只是他实现的一个小目标，直到他做到了步兵的巅峰。而他取得的一切成功，都根源于一个执着到傻的信念："好好表现，明年班长就不会走（退伍）。"坚定的信念，可以让我们克服自身的惰性，不随波逐流。

最后，确定短期目标，努力付诸实践。

当万事俱备之后，行动就是你唯一欠缺的"东风"了，凡事如果只想不做，就没有任何意义可言。梦想是茫茫大海上的灯塔，它的光会指引我们前进的方向。不论是经历惊涛骇浪还是暴风骤雨，我们都应该勇敢地撑起船桨，大胆地付诸实践。

微笑地说老天不会亏待努力的人

"人生得意须尽欢，莫使金樽空对月"，淋漓尽致地写出了李白人生得意之时的豪情与洒脱，这种状态令多少人心驰神往。然而得意尽欢失意难，人生不如意十之八九，就像这繁花烂漫的季节，花期过后，百花凋零，终归于平淡。人生起起伏伏，今天繁花似锦，不代表一生都花香四溢。面对失意，我们该如何解开心结呢？

面对失意，有的人或许会一蹶不振，自怨自艾；有的人就会直面惨淡，浸泡过酸甜苦辣之后又重新崛起。在人生路途中，我们无须恐惧风雨，相反，风雨洗礼过后，我们会变得更加坚强，也会因为丰富的阅历而显得更加成熟。

说到人生的失意，我的脑海中会不自觉地出现一部经典电影《当幸福来敲门》。影片讲述了一个这样的故事。

主人公克里斯·加德纳因公司裁员而失业，只能靠推销医疗器械养活一家三口，然而祸不单行，生活的窘迫使他的妻子也离他而去。克里斯不仅要面对失业的压力，还要独自抚养年幼的儿子，最后甚至因为交不起房租而被房东赶了出来。生活一连串的打击，把一个大男人活生生地逼到了绝境。影片中有两个细节。

一是，他去推销医疗器械却不小心弄丢了机器。一台机器的价格或许可以支撑起他们一家一个月的开销，这无异于雪上加霜。

二是，他们无家可归，克里斯为了让儿子休息好，只能每天带着儿子走很远的路，去收容所过夜。然而收容所床位有限，要排很长的队，一旦去晚了就没有位置。眼看排到下一个就是他了，却被告知没有床位了。他只能带着孩子漫无目的地行走，那种感觉很茫然，不知道要去哪儿，但是他知道不能让孩子睡在路上，于是父子俩的居所由纸皮箱的收容站变成地铁站的公共厕所。

生活艰辛，克里斯仍一直坚信："如果你有梦想，那就守护它；如果你有理想，那就实现它。"也正是由于这样的坚守，克里斯从一家股票公司的学徒做起，随后开创了一家属于自己的股票经纪公司，最后成为百万富翁。

克里斯坚强地面对着生活的困境：事业失败，穷困潦倒，无家可归。真可谓"屋漏偏逢连夜雨，船迟又遇打头风"，但他没有一刻迟疑，也从未停下奔向幸福的脚步。恰恰相反，父子俩在失意时，总是互相鼓励，总能够坚强乐观地面对眼前的挫折与困难，因为他们始终相信，总有一天，幸福会来敲响他们的门。

"世上从没有被命运抛弃的人，只有被命运捆住手脚的人。"当我们把一切归结为"天意"时，在一定程度上也反映出我们的消极心态。人生没有绝对的坦途，关键看我们以什么样的状态去面对困难。千万不要因一时的失意就自暴自弃，呼天抢地："再也没有希望了。"失意的时候，恰恰需要我们摆正心态，不仅要乐观积极地去面对，更要懂得自我排遣，时刻保持豁达的心境，才能成就大事。

贝多芬是世界著名的作曲家，出生在德国波恩。他的一生创作题材广泛，其中比较重要的作品包括交响曲 9 部、歌剧 1 部、钢琴奏鸣曲 32 首、钢琴协奏曲 5 首、管弦乐序曲及小提琴、大提琴奏鸣曲多首等。可以说，贝多芬在古典音乐的发展史上留下了浓墨重彩的一笔，因而被后世冠以"乐圣""交响乐之王"等称号。

不为世人所了解的是，贝多芬 1796 年失聪，这意味着他的大多数作品都是在失聪后完成的，这其中就包括他的 9 部交响曲、大部分钢琴奏鸣曲等。1796 年，他创作出《第一交响曲》，同年失聪，之后又创作出很多经典曲目，如《英雄交响曲》《命运交响曲》《田园交响曲》《悲怆奏鸣曲》《月光奏鸣曲》，还有不胜枚举的序曲、协奏曲、奏鸣曲和弦乐四重奏曲。

直至 1824 年，他创出了当时交响乐领域的最高成就——《第九交响曲》，而这部作品也使得贝多芬走到了音乐创作生涯的顶峰。时至今日，《第九交响曲》仍在世界文化艺术界享有很高的声誉。

1827 年 3 月 26 日，贝多芬于维也纳去世，享年 57 岁，他把一生都奉献给了音乐。

或许我们很难想象一个世界闻名的作曲家竟是一个聋子。贝多芬不是天生失聪，失聪那年也只有 26 岁。这对于当时的他来讲，也未尝不是一件残忍的事。这位集古典主义之大成的作曲家，听不到自己的音乐，每一个弹奏出来的音符对于他来讲都没有任何参考价值。

他困顿迷茫过吗？是不是也质问过上帝为什么跟自己开这样的玩笑？我想答案是肯定的。但他没有屈服于命运的安排，凭借自身独特的音乐天赋，用心感受音乐的存在，勇敢地与命运抗争，才创作出如此多的经典作品。我想，这样的成就除了得益于贝多芬本人的音乐天赋之外，更有赖于他背负着常人难以想象的折磨，付出了令人难以想象的努力。

不知道大家有没有注意到这样一个现实，青少年自杀事件时不时就会出现。每次看到这样的新闻，我的内心都会被深深触动。现在的学习生活真的给孩子带来这么大的压力吗？还是真的如很多家长说的："现在的孩子，承受能力真是太差了。"

我想承受力差才是主要原因吧。尽管我们不愿意相信，但是生活的富足和长辈无条件的满足，真的使孩子经受挫折的能力越来越差了。为了孩子，你或许上可到九天揽月、下可到五洋捉鳖，你从未拒绝过孩子的任何请求。一旦走出家庭的庇护，孩子就像温室里的花朵般脆弱，和风细雨都可能经受不住。

所以，亲爱的读者，如果你刚好读到了这里，请你有意识地培养孩子的承压能力，让他们从小养成乐观积极的生活态度，这必将成为孩子战胜挫折的武器。

命运如此顽皮，总是会给你我出各种各样的难题。微笑面对失意，失意未尝不会成为一种机遇，让我们把它当作要"飞升上仙"所要历的劫数。只有摆正心态，全力以赴，才能看到不一样的彩虹！

生活的方向在于你能否找到自我

我们每天都在探讨，甚至花大量时间思考如何才能让自己看起来和品质沾上边。我想大部分人想要的品质感，无非是让自己看起来新潮时尚、光鲜华丽。我们往往忽略了这其中最重要的一点：品质感不是你看起来"很贵"，而是你看起来不只是"很贵"。简而言之，或许你在别人的眼中，美不美并没有那么重要，因为你真正的美取决于你在别人心里的形象，你的内在素养得过关。

千言万语，总归应了一句话："好看的皮囊千篇一律，有趣的灵魂万里挑一。"高品质，不仅需要好看的皮囊，更需要有趣的灵魂。好看的衣服大家都可以穿，珍贵的珠宝人人都可以戴，但即使是不同的人穿一样的衣服，也会给人不一样的感觉，那是因为他们表现出来的气质是不一样的。所以，你能否找到自我、坚持自我，就显得格外重要，否则也只是随波逐流的沧海一粟罢了。

我们都知道，娱乐圈从来不缺好看的皮囊，然而千篇一律的欧式双眼皮、网红锥子脸，往往让我们记不住这位明星是谁。圈中当然也不乏美得非常有辨识度的，袁泉就是其中之一。

我真正开始了解袁泉是通过《我的前半生》这部电视作品。现实生活中的她，眼睛里流露出云淡风轻的神色，看不见愠怒，也没有怨恨，精致而干练，所谓品质感也就不过如此。

比起袁泉形象给人的品质感，她与世无争的个性更能为品质感代言，她低调得像烟火里的尘埃，从来不是为了取悦谁而活。有人说，袁泉早就淡出人们的视野了，即使在网络和社交平台也很难找到她的踪迹。娱乐圈中向来热闹非凡，流量小花们长江后浪推前浪，如果不是《我的前半生》，恐怕不会有谁想起她。

　　没错，她就是这么低调，低调到不愿以电视剧来拉流量，低调到不愿参加任何综艺类节目。她一直醉心于自己喜欢的话剧，像《琥珀》《电影之歌》《暗恋桃花源》。她和黄渤联袂主演的《活着》是口碑之作。

　　当很多人都声嘶力竭地喊着"我要"的时候，袁泉内心笃定地坚持着"不要"，最终在历练中找到了自己想要的人生。

　　现代社会节奏快，人们压力大。生活对现代女性提出了更为苛刻的要求，她们被要求在以家庭为重的前提下，也能职场得意。一天的高压工作结束，回到家里可能要做饭，要辅导孩子做家庭作业。随着二胎政策的开放，她们可能还要面临生二胎的"劫难"。《红楼梦》里讲"女人是水做的骨肉"，女人原本是最柔弱的，可最弱不禁风的她们，却被活生生逼迫成了"超人"。

　　曾几何时，或许你经历了前所未有的情绪崩溃，你不想出门，甚至不想拉开窗帘看看窗外的阳光，只想一个人蜷缩在黑暗的房间里，隔绝一切与外界的联系。当然你或许也忘记了，你窗台上还养了一盆每天都要浇水的吊兰。就这样不知道过了多久，终于有一天，你从情绪的低谷幡然醒悟，想起了那盆可怜的吊兰。它还活着吗？你既好奇又害怕，可当你下定决心拉开窗帘，出乎意料地，你看到它绿意盎然，竟还开出了一串清丽的白色小花。原来它失去了你的关怀，却还有上天雨露的眷顾。一株小花尚且能够坚强生存，更何况是你呢，你要做的就是找到自我，不要迷失人生的方向。

尽管身处诸多严苛的条件下，我们依然要自立于世，找到自我，认清自己的本心，呈现给人独立、自尊、自信的形象。不管你现在处于人生的哪个阶段，当然除了孩童时期，千万不要把自己的情感、责任全部寄托在另一个人身上。那是非常愚蠢的做法，不仅会让你感觉很累，没有安全感，也会让别人感觉很累，甚至让你们之间产生隔阂，最终不欢而散。自己的快乐需要自己去寻找，尽管社会环境复杂，男女不平等的现象依然存在，但在精神上，大家都是平等的。我们能做的就是丰富自己的内心，实现自己的价值，不依赖任何人，更不为了讨好谁，只是为了坚持美好的自我。

我们快乐还是忧伤，往往不在于这个世界本身是什么样子的，而取决于我们采用什么样的眼光去看待这个世界。想要保持积极乐观的心态，不在纷繁复杂的世界中迷失自我，可以试着参考以下几点。

首先，用你喜欢的方式努力生活。你的生活，你有选择的权利。他人的安排，或许可以让你一生衣食无忧，却不能让你拥有发自内心的快乐。去喜欢那些能让人感受到温暖的人，因为温暖会传递；跳出那些让自己感到厌恶的圈子，因为你本不必去讨好。

其次，用书籍丰富自己的内心世界。容貌是天生的，我们或许无法改变，而气质却是可以后天培养的，"腹有诗书气自华"正是此意。与满腹才华的人交流，我们往往会忽略他的外表，从而不自觉想要去探索他的精神世界。

董卿，饱读诗书、大气知性，让人有一种可望而不可即的高级感。她主持的综艺节目《中国诗词大会》和《朗读者》，让我们更加深刻地认识了她的才华。她表现出的沉着大气、机智冷静，绝不是一朝一夕读书恶补可以做到的，那一定是多年的沉淀才能孕育的芬芳。董卿说："我始终相信我读过的所有书都不会白读，它总会在未来日子的某一个场合帮助我表现得更出色。读书是可以给人以力量的，它更能给人快乐。"

想要活出品质感，就要坚持自我，不需要为谁妥协，更无须为谁放弃一切。希望有一天，你不是假装幸福，不是故作淡定、装作洒脱，不是将就生活，而是活出最美的样子。

生活终将呈现你想要的样子

人生有很多种可能性，有的人选择安稳度日，有的人选择激流勇进，也有的人终其一生都在纠结该选择前者还是后者。我们总在问人生究竟该怎么过，才能活成自己想要的样子。

我想说的是，你想要生活是什么样子，它就呈现什么样子。

你说，这辈子不求大富大贵，只想生活得舒心快乐；你说，你不喜欢大城市的喧嚣，向往闲云野鹤般的生活；你说，如果有像陶渊明笔下"采菊东篱下，悠然见南山"那样的意境就更好了。当然，你可以选择远离大城市的高压，远离通勤高峰里熙熙攘攘的人群，因为"结庐在人境，而无车马喧"的心境不是每个人都有的。选择小城市，或者像很多有志青年一样扎根西南边陲，支教贫困山村，也未尝不是一件能使你的人生更有意义的事。

"支教"一词，对当代大学生来说并不陌生。在我国，支教是一项支援落后地区乡镇中小学校的教育和教学管理的工作。为了促进西部大开发，为缓解中西部地区师资力量匮乏的状况，促进乡村教育发展，也为了缓解大学生就业难的现状，我国出台很多优惠政策，鼓励大学生到西部去，到祖国最需要的地方，投身西部，建设西部。

欣雅有幸成为其中一员，她毕业于某师范大学。来自农村的她，深知贫困地区教育资源是多么稀缺，那里的孩子渴望知识。加上她性格沉静内敛，深受田园派诗人的影响，很向往田园诗中恬淡与质朴的生活。用她的话说，就是"比起听繁华的大街上汽笛嘶鸣，我更喜欢走在坑洼的路上，听牛车、马车满载丰收时辘轳发出的声音"。

如欣雅所愿，她顺利来到了四川省凉山州布拖县的一个贫困村落。对很多人来说，那是一个非常遥远的地方，对于欣雅来说亦是如此。支教一年后，她深深爱上了这个贫困又落后的地方。她说，那里地处偏僻，交通不便，但是有很多未经开发的壮丽景色。她见到了诗词中描绘的怒吼的金沙江，气势磅礴的瀑布；那里经济落后，生活贫困，但是村民热情又淳朴，孩子渴望知识的眼神是那么纯真；那里教学硬件欠缺，师资力量不足，孩子学习成绩普遍较差，但是他们不像城市孩子那样娇惯成性，他们热爱学习，渴望知识。

欣雅喜欢这种纯真的感觉，更喜欢传道授业带给她的满足感。在平凡的岗位上实现自己的价值，这也是一种幸福。

欣雅的选择何尝不是实现人生价值的一种途径呢？她选择了自己喜欢的生活方式和生活环境，这就是她想要的生活，就这样被质朴的幸福感包围着，仿佛孩子清澈的眸子里闪烁的不是迷茫而是希望，这就是她奋斗的动力。

你说，你喜欢挑战自己，觉得人生就应该有跌宕起伏的激情；你说，你还年轻，向往新鲜事物，不甘心在这大好的时光里做一只井底之蛙。没关系，你可以选择想要的生活，去大城市抑或国外的某个城市，虽在重压之下，却可以见识最前沿的科技，接触最前沿的信息，久而久之，百炼成钢，你也能成为最优秀的人。

最不可取的就是第三种人。高晓松说过："年轻的时候，什么事都想弄明白，有些事情弄不明白，生活就会很慌张，后来等老了才发现，原来慌张就是青春，等你不慌张了，青春就没了。"然而，第三种人是青春还在，已经不会"慌张"。

夏丽大学毕业以后，在一个二线城市找了一份相对稳定的工作，收入不高。父母生活在一个小县城，暂时不需要她来赡养。有时候父母觉得夏丽一个人在外打拼不易，还经常接济她。

在室友看来，夏丽独自在外"打拼"的生活过得太惬意了。工作稳定，薪资、福利也不错，周末双休，平时基本不加班。但是，偶尔需要她加班时，她就会吐槽："就给这点工资，还让加班，又不给加班费。"关于工作，夏丽有着自己的一套理论，用她的话来说，就是"不惹事，不背锅，当一天和尚还要撞一天钟"。休息时间，手机从不离手，或是打游戏，一打就是半天。"葛优躺"是她最喜欢的姿势；或许在追剧，偶尔和舍友八卦一下剧情；还有可能是在网络购物。

直到有一天，夏丽所在的公司开拓了新业务，也引入了最先进的管理理念，招进一大批新人，制定了评优机制。鉴于夏丽入职以后的表现，她的岗位有所调整，并且被迫要和新人竞争。这时她才意识到自己有太多不足，想要弥补，以期迎头赶上，却不知道该从哪里下手才好。

不好的习惯一旦养成，就好比人深陷沼泽之中，很难从中走出来。

案例中的夏丽有着年轻从业者普遍存在的打工者心态：工作是给公司干的，我为公司工作，公司给我一份报酬，这是等价交换。然而，就是这种心态，让很多人和成功失之交臂。

反过来说，如果夏丽可以认清工作真正的意义，时时抱着谦虚学习的态度，相信她也不会因为大环境的改变而无所适从了吧。

大学毕业以后，他们和书籍基本绝缘，有时间打打游戏，泡泡酒吧，刷刷毫无营养的肥皂剧；他们也没正经地谈过几次恋爱，更有甚者经历一次失恋，就叫嚣着"再也不相信爱情了""感觉不会再爱了"；他们做着一份既没有前途可言，又谈不上喜欢却勉强可以糊口的工作。这就是第三种人，他们在大好的时光里畏手畏脚，得过且过。或许他们也偶尔反思现状，颇有悔意，却从来不敢迈出改变的那一步。他们就这样把心底那本就少得可怜的渴望与念想深深地打压下去。

因此，一定要趁着年轻，多尝试各种新鲜事物，否则你会逐渐失去对新鲜事物的敏感度，眼界也逐渐变得狭隘又短浅，进而失去竞争力，使本该朝气蓬勃的心瞬间变得苍老。我想，再也没有比拥有一颗"将死之心"更可怕的事情了。

综艺节目《奇葩说》里的柏邦妮说过一句话，每个人的心中都有一匹欲望的野马，你可以去放养它，也可以去圈养它、驯养它，但是不要假装它不存在，排斥它。所以，年轻人，你的人生充满无数种可能，无论你选择在哪里，以什么样的方式生活，做什么类型的工作，请记住一点：不要无视你内心的想法，去丰富你的人生，尽你所能地使它更有意义。

别让自己陷入一味追逐的怪圈

有人说，哪个成年人的生活不是一部写满不容易的血泪史。光鲜的外表后面，别人看不到的是你打掉牙和流血的拼尽全力；微笑的脸庞后面，别人看不到的是你狼狈不堪地擦掉眼泪的慌张。

电影《天气预报员》里有一句经典台词："成年人的生活里没有'容易'二字。"确实是这样，我们大部分人都迫于生活的高压，每天一睁开眼睛，就已经进入战斗状态。

家庭生活中，房贷、车贷是每月雷打不动的支出，孩子的各种兴趣班虽说不是每月都要"交粮"，但也在年支出计划之内。父母身体健康就是儿女的福分，但毕竟年纪大了，医院的大门也就随时为父母敞开了，这又是身体、心理和经济三方面的消耗。

职场生活更是让你焦头烂额，你可能每天不仅要面对刁钻的老板，还要微笑面对难缠的客户，更要严防死守新人的步步紧逼。你说，我每天拼命奔跑也只是原地踏步，一旦停止奔跑，后果真是难以预料。

闺蜜张玲就读于某外国语大学。大学毕业以后，一心向往大城市的她放弃了父母在小县城托亲烦友给她安排的稳定工作，毅然决然去了北京。

张玲现在任职于北京某知名教育机构，主要从事英语教育工作。北京人多，生活压力大，居之不易，刚到北京，她甚至连地铁都挤不上去，原因很简单，她说："人太多了，根本连个缝儿都没有。"

现在，她可以面无表情地在拥挤的通勤地铁里挤上挤下，再也不会因为上不去地铁而迟到，几乎每晚都加班到 12 点。微信朋友圈里的她，看起来永远那么光鲜亮丽，却没有了上学时的灵动与活力。

原来，张玲除了要面对精明强干的主管，还要应对那些对孩子成绩要求异常严格的家长，更要与那些娇生惯养，并不懂得上进的学生朝夕相处。人都不是铁打的，工作高压时常压得她喘不过气，有时甚至拖着生病的身体给学生上课。

她私下里总是说："不努力，有什么办法，我又不是富二代，含着泪也要跑啊，笨鸟先飞，总不能比别人差吧。"

毫无疑问，张玲的案例在职场中具有一定的代表性。我们当中的很多人都被工作上了发条，麻木了知觉，也忘却了生活本身的意义。或许我们都太急于追求一个结果。记得有一首歌，歌词中写道："别急着抵达终点，过程才是关键。"显然我们已经忘记怎么享受这个过程。

我想，在拼命奔跑的时候，或许也应该停下来欣赏一下路上的风景，仰望天空，深吸一口气，问问自己，你只是想让生活有品质吗，还是想比别人活得有品质？

或许你从没有认真思考过，生活给你的压力有一半来源于你的攀比心理。你好胜心强，不甘心居于人后。别人老公年收入百万，你要比，结果夫妻关系岌岌可危；别人孩子报各种补习班，你要比，可你根本没有考虑孩子的喜好，结果孩子一无所获；别人购物都是选最贵的，你也要比，结果只能是入不敷出，加上财政赤字。然后你又站在跑道上，周而复始，循环往复，你很累，却不知道该怎么停下。这样的生活状态，恐怕很难谈得上高品质。

翠波鸟生活在南美洲原始森林里，之所以得名，是因为它们全身翠绿，并带有一圈圈灰色纹理，就像一圈圈波浪。这种鸟不仅外表美丽，它们的巢穴也很有特点：它们身长不过五六厘米，却可以建造比身体大几倍甚至十几倍的巢穴。巨大的巢穴一个个架在树上，很是壮观。

动物爱好者心中不解，这么小的鸟，为什么要建造这么大的巢穴，并且它们每天都在为筑巢而忙碌，更因疲惫而显得无精打采。

带着心中的疑惑，动物爱好者想办法隔离了一只翠波鸟，在合适的角度安装了针孔摄像机，以便 24 小时随时观察它的动态。几天过去了，影像资料显示，这只翠波鸟只建了直径 6 厘米左右的巢，刚好可以容纳自己的身体就停工了。

这激起了动物爱好者极大的兴趣。他们扩大了隔离范围，又放入一只翠波鸟，同样观测它筑巢的情况。他们观察发现，这只鸟进入隔离范围之后，同样开始筑巢。然而让他们感到吃惊的是，之前那只已经停止筑巢的鸟，居然开始疯狂扩建自己的巢穴。像一种无声的对决一样，两个巢穴都越来越大。一周过后，它们筑巢的速度明显慢了下来，并且开始表现出疲劳的状态。又过了一周，最先被放入隔离区的翠波鸟竟然死了，随着这只鸟的死去，另外一只马上停止了筑巢的行为。

强烈的好奇心驱使着观察者，它们又放了一只鸟进入隔离区，情况如出一辙，一旦新来的翠波鸟开始建巢，另一只就会疯狂扩建自己原本已经不小的巢穴，而且结果也一样，当其中一只疲惫不堪地死去，另一只就会停止筑巢。

动物爱好者终于明白这其中的奥秘，原来令翠波鸟忙碌不停的原因竟然是攀比。当它们发现有巢穴比自己的大，便忙碌不停地扩建筑穴。实验中的翠波鸟是累死的。

看完这个案例，你是不是很惊讶？没错，小小的翠波鸟竟然因为比较谁的房子大而丢掉了性命。不知道你有没有在这个案例中看到自己的影子，攀比是把双刃剑，它可以让我们为实现更好的自己而全力以赴，也可能让我们陷入追逐的怪圈而疲惫不堪。

活在当下，心境坦然，看云卷云舒，畅享一份自在，不再纠结贫或富，正所谓"随富随贫且欢乐，不开口笑是痴人"。知足常乐，心灵自在，就是精神的富足了。

活在当下，感受幸福，或约三五好友，或享天伦之乐。不要总是顾着追逐前方的缤纷，而忽略眼前的芬芳。

所以，明白一点很重要，我们可以奔跑，但绝不是为了追赶谁。不妨停下脚步，认真地享受当下，生活的品质感是精神富足之后的收获，只有真正破译了其中的密码，才有可能打开品质生活的大门。

勇敢发掘自己的潜在能量

"平庸"一词，在百度百科里是这样解释的："指平凡的人做着寻常的事，一生碌碌无为，寻常且不突出，总是依附如风，无法鹤立鸡群，做到万众瞩目。"请回答以下三个问题。

"你是不是越来越封闭自己，不愿面对现实，害怕承受挫折，想要切断与外界的一切联系？"

"你的执行力是不是越来越差，除了睡觉时间，手机几乎不离手，每天隔着屏幕羡慕别人的生活？"

"你是不是越来越懒得思考，思维越来越单一，恨不得所有问题都能在网络上找到答案？"

如果答案是肯定的，那么毫无疑问，你已经开始陷入平庸的包围圈，或者可以说你已经沦为平庸的"人质"。美国小说家华莱士在演讲中讲道："在烦琐无聊的生活中，请时刻保持清醒的自我意识，不是'我'被杂乱、无意识的生活拖着走，而是生活由'我'掌控。"很明显，你是被生活掌控了。不能主导自己生活的人、被生活牵引着向前走的人，都注定是平庸的。

然而，你是真的平庸吗？你真的甘心平庸吗？

这里有两种人，一种人天生资质平平，但是他们能够坦然接受自己也许会一直平庸的事实；他们怀着一颗释然的心，勇敢地面对生活给予的种种挫折和考验，在属于自己的平凡的岗位上贡献着自己的一份力量；他们只想对得起自己，只求问心无愧。

还有一种人，虽说不上天赋异禀，但也可以算是有几分聪慧，可他们偏偏这样平庸。他们没有目标，更谈不上奋斗；他们安于现状，碌碌无为；他们没有思想，遇事慌张，身体俨然成为没有灵魂的躯壳。

第一种人资质平庸，却活得不平庸，因为他们是主动生活的人；第二种人资质尚可，却沦为真正平庸的人。

我大学时期最要好的朋友肖敏在一家广告公司上班。广告行业压力大，加班多，所以我偶尔会和她聊聊天，听她吐吐槽，权当让她发泄一下压力。

前段时间，她忽然说想辞职，然后去考研。我问她原因，她支支吾吾了半天。

原来，每次明明要得很急的文案，加班加点赶出来，发给老板看，总是得不到任何反馈；老板还很喜欢临时通知大家加班开会改方案，可能改到深夜，也只是说些无关痛痒的问题，根本没有实质性的突破。

其实关于这些，她之前也和我透露过：上学的时候想上班，想独当一面，但真正步入职场以后才发现，原来和自己想象中的根本不一样。她恨透了这种没有效率的加班，更因为自己的努力不被重视而感到委屈，再也没有了初出校园时的满腔干劲，于是产生回归学校读书的想法。

其实，很多朋友，包括我在内都产生过这样的想法，觉得自己很迷茫，即使大学读了四年，也不明白自己究竟学会了什么、想要什么。或许，他们以为重新回到学校就可以逃离现实，逃避自己不喜欢的环境。

现实有时候真的很残酷，但是这不能成为我们陷入平庸，或者逃避现实的理由。肖敏已经站在平庸的边缘，开始迷茫，开始怀疑自己的能力，变得不知所措，甚至想要退缩。然而，考研也只是权宜之计，职场不会因为你花了三年时间读研就变得一帆风顺。所以，在工作中遇到困难的时候，应该多角度去寻找解决问题的办法，而不是一味地被负面情绪牵引着而退缩。

其实，没有谁真的甘于平庸，谁也不想沦为真正的平庸之人，他们只是缺乏勇气，不能清晰了解自身的潜在能量，更不能勇敢地"解剖"自己，发现自身存在的问题。那么如何才能发现自身潜能，避免沦为平庸之人呢？

首先，学习是基础。

我们可以没上过学，但是不能不读书、不能不学习。读书不仅可以丰富我们的知识，更能使我们的思维富于多样性和差异化。有研究表明，成年之后，人的思维常常趋向于单一。顾名思义，单一的思维模式就是遇到所有问题时只用一种方式来解决。著名投资人查理·芒格，将单一思维的人比作只有一个锤子的人："如果一个手里只有锤子作为武器的人，那么他解决所有问题的方式就是只会使用锤子。"所以，如果想要跳出固有思维的局限，以前所未有的视角去认识事物，那么学习就是一条必经之路。

其次，坚持是准则。

"三天打鱼，两天晒网"并不是坚持。荀子曰："不积跬步，无以至千里；不积小流，无以成江海。"这就是在告诉我们坚持的力量有多么强大。聚沙成塔的道理人人都懂，却没有人愿意坚持去做。所以，把坚持变成一种习惯，让它深入你的骨髓，直到有一天，你会发现原来成功离你那么近。

最后，行动是跳板。

我听过一则笑话。有一个人几乎每天都去教堂祈祷，而且每次祷告的内容都是一样的。第一次，他到教堂时，虔诚地跪在圣坛前低声祷告道："无所不能的上帝啊，看在我这么多年虔诚祈祷的份上，让我中一次彩票吧，阿门。"几天后，他垂头丧气地回到教堂，跪着祈祷道："上帝啊，为什么不让我中彩票呢？我愿意更虔诚地来服侍你，阿门。"没过几天，他又回来了，再次重复他的祈祷。如此周而复始，直到最后一次，上帝用庄严而雄伟的声音说道："我一直垂听你的祷告，可是最起码，你也该先去买一张彩票吧。"

不要做思想的巨人、行动的侏儒。我们很多人都被困死在那些天花乱坠的想法中，因为我们从来不迈出最初的那一步。古人云："临渊羡鱼，不如退而结网。"这就是在告诉我们，只有心动而没有行动，就永远没办法成功。

不要在应该拼搏的年纪选择安逸

大学期间，我认识了希月，她比我大一级，对于我来讲是亦师亦友的存在。与她相识，是在一次社团活动中，她那么热情又富有活力，深深地感染着我这个茫然不知所措的新生。步入大学校门的那刻起，身边就有很多人在担忧"工作难找，机会太少"，我也不例外。直到遇见希月，我好像找回了前进的方向。

她总是很忙，她说她大一的时候也像我一样迷茫，即使现在也还是一样，不知道未来的路应该怎么走，但也不想每天待在宿舍里任时间荒废掉，心里就想着"干点什么也总比不干强吧"。

于是，大一刚开始的时候，她就参加了各种学生自发组织的社团，还有学校组织的各种机构。只要是感兴趣的，她就会去面试，当然有通过的，也有没通过的。她每天除了上课以外就是参加各种社团、机构的会议和活动，她说："如果你去宿舍找我，那很可能找不到，因为我不是在去开会的路上就是在去上课的路上。"很多人都问她："你参加这么多社团，不累吗？"她只微笑说："其实还好，可能我的精力比较充沛。"

到了大二，她更拼命了，已经"熬"成"副部长"，掌管一方小天地。但她说："这只是必经之路，并不是我的梦想。"她依然很忙，天还没亮就起床，回到宿舍已经接近熄灯时间。有时候，她上午还在某社团主持节目，下午就已经到学校报社开会，有时候午饭都来不及吃，就要忙着去采访学校老师，并以最快的速度交出采访稿。希月几乎每天都在和时间赛跑。

　　她大学的前两年基本都是这样度过的。大三的时候，虽然不舍，但她还是毅然放弃了各种社团、组织的"部长"位置，选择到校外参加实习。很多人都问："到嘴的鸭子就这么飞了，之前的努力不都白费了？"其实她自己也犹豫过，但后来，还在大三的她就已经接到很多知名企业的全职邀请，之前的疑虑全部烟消云散了，因为她知道，曾经的努力都没有白费。当别人依然在迷茫的时候，她却面临着更多选择机会，所有质疑的流言也都不攻自破了。

　　是啊！我们都曾经历年少的迷茫，有人选择安逸，并在迷茫中麻痹自己；有人选择摸索，在迷茫中寻找自己。直到有一天，选择安逸的人依然在迷茫，而选择寻找的已然看到梦想在闪闪发光。

　　少壮轻年月，迟暮惜光辉。不要在年少时肆意挥霍大好时光，到老了再后悔没有"惜取少年时"。我们总听到很多职场人立志"我今年9月要考一个二级×××证"，没多久又会听到他们抱怨"真是年纪大了，根本静不下心来看书"。不得不表扬他们还有上进心，但值得表扬的也就这点儿"心思"了，诸多原因使他们已经无力将其转化为行动力。

　　人生最好的"学习"阶段就是青春年少时，因为那时你没有生活的烦恼、工作的压力，唯一需要做好的事就是学习，为实现梦想打下坚实的基础。即使你很迷茫，也不要停下努力的脚步，不知道方向就去找，从来没有平白无故的优秀，从来没有轻易就可以实现的梦想。追梦的路上，我们都是主角，而不是重在参与的过客，你的年少轻狂应该多一些为梦想"抛头颅、洒热血"的决心。

三毛是我个人很喜欢的一个女作家，她曾说："人生一世，也不过是一个又一个24小时的叠加，在这样宝贵的光阴里，我必须明白自己的选择。"我们总说时间如白驹过隙，青春年少的大好时光更是经不起任何挥霍。时间脚步匆匆，总让人感觉抓不住，刚过完新年，转眼五一假期已到，不要总是沉浸在对过往的怀念，也应该问问自己对明天是否存有期待。

前几天，无意间看到一篇报道叫《97的都已经大学毕业了》，我不禁吃惊，然后细细推演了一遍，算起来，1997年出生的上学早的娃真的要步入社会了。我在感慨时光飞逝的同时，不得不为即将面临更大的竞争压力而感到担忧，在相对优渥的成长环境下，这一代人会更有主见，也更加多才多艺，我们还能拿什么作为竞争的资本呢？是靠略显单薄的所谓"工作经验"，还是简历中以往获得的奖项？

前几天，一位同事跟我抱怨道："现在的工作真是没法干了，顶头上司足足比我小了五岁，都有代沟了。"我哑然失笑，只好半玩笑半当真地说："赶紧拼一把吧！再不拼，这把'老骨头'都没有立足之地了。"

　　其实，当我们身处迷茫期，看不到自身价值，更看不清未来方向，甚至不记得当初的梦想时，可以问问自己："我为自己拼过吗？"希望每个人都不要在应该拼搏的年纪选择安逸，愿我们都能不负韶光、不负梦想。

不要错失每个通往梦想的机会

　　我有过一次这样的经历，那是一次公益活动，我和几个朋友一起去了一家特殊教育学校，那里都是一些身体有残疾的孩子，有的是先天的，有的是意外受伤导致的。

　　也正是在这里，我认识了她。她是一个年轻的女老师，初见时她正坐在院里整理宣传材料，那资料很大一沓，要把它们分别装进信封里。我走上前去帮忙，她欣然同意。整个过程，我们都聊得很愉快。我心里想，这群特殊的孩子虽然不幸，但能够拥有这样乐观又热情的老师，也算是另一种幸运了。

　　整理完毕，她很自然地走向教室的方向，我却发现她走路时脚有一点跛，尽管我及时转回头，还是被她发现了。其实我一直不太擅长面对别人的不幸，但她好像已经习惯别人的眼光，所以很自然地说起了自己的经历。

原来，她小时候就这样了。她说："很小的时候，我就知道自己和正常人不一样。但我不能总是盯着自己的跛足，我应该做点别的。"她的爱好就是读书，她也曾说读书给了她前所未有的精神支撑，后来一次偶然的机会，她顺利通过考试，成为一名教师。从事教育事业带给她的喜悦，让她逐渐摆脱了跛足带来的悲痛。

试想一下，如果她沉浸在自己的悲痛中不能自拔，那么我想，这样的机会也不会降临到她的身上了。而现在的她看起来自信优雅，即使面对自身的缺陷，也能微笑着从容以待，这一切都是因为她没有放弃过自己的梦想。

若要享受实现梦想后的自信从容，就必须把握每一个通往梦想的机会，它们就像是一级一级的阶梯，让你一步步到达高处；又或许不服输的你会选择"破釜沉舟"，向前一大步，这一步或许能带你去往更高处。

就像人们说的，每一个错失的机会背后，都暗藏着你没有付出努力的曾经。换句话说，每一个梦想的实现，都是不断累积的过程。机会不论大小，并且任何一个都不容小觑。把每一个眼前可以把握的机会当作实现人生转变的关键，你就会发现，可供选择的机会越来越多，你也会因此更加明确哪一个才是适合自己的。直到有一天，你会发现，原来你已经成为梦想中的自己。

我有这么一位朋友，毕业两年月薪过万，却天天跟我哭穷，借钱更是常有的事。我总是用鄙夷的眼神看着她，然后问："你是碎币机吗？"她最近一次联系我，是因为微信里没有足够的钱支付早餐摊儿老板的一杯豆浆。我也没少打趣她："咱俩的交情也就仅限于钱了。"

大家一定很奇怪，这位朋友月薪过万，生活在二线城市，日子怎么还过得那么紧巴。真实的原因就是她花钱"大手大脚"。她总是毫不吝惜地"投资"自己，给自己报了学习设计和摄影的专业课程；经常玩"失踪"，随时来一场说走就走的旅行；书架上摆满各种好书，看到网络推荐的书籍还是忍不住想要收入囊中。正常人很难想象一杯豆浆都买不起的她，报起喜欢专业的网络课程来却一点都不含糊，一报就是一年课程。

当我们嘲笑她"烧钱烧脑"时，她总会说："我希望在寻梦路上的自己是一个灵魂丰富的独行者。要想丰富就得多积累，这样才不会错失机遇！"

她是这么说的，也是这么做的。其他女孩都在追求时尚新潮的时候，她借钱买书、买网上课程学习卡；别人大快朵颐地享受美食的时候，她酣畅淋漓地游走在知识海洋。因为她知道，可能有时候仅仅差那么一点就可能与自己的梦想失之交臂，所以总是尽最大可能地"全副武装"自己。

有人说，这是一个很好的社会，机会遍地都是。这一点我并不否认，但要强调的是，只有看到机会的人，才有抓住机会的可能。能否看到机会，则取决于自己的能力高低、阅历丰富与否、眼界是否开阔等标准。如果一切都是"否"，那么只能任机会溜走。

拿炒股举例，有人曾说，每个炒股的人一生中都会遇到七次牛市，有人发现这样的机会，而有的人则不能。前者可能会因此暴富，后者可能一生无为，甚至倾家荡产。

这告诉我们一个很简单的道理，只有丰富自己，让机会不再成为"漏网之鱼"，那么梦想的实现才永远不会有"差一点"的遗憾。

第二章

清楚知道自己要的是什么

不要凑合、妥协和将就的生活

生活从来都不是一个简单的课题，有时候可能春光洋溢，和风细雨；有时候可能电闪雷鸣，疾风骤雨。顺境自然让我们如沐春风，百般惬意，然而真正考验我们的并不是顺境，而是生活为我们设置的种种挫折，让我们感觉好像陷入层层叠嶂，迷雾缭绕，往往看不到自己，也找不到方向。

每当迷失了自己，负面情绪就会席卷而来。你可能会每天浑浑噩噩，毫无节制地消耗自己的时间；你可能会情绪低落、行事鲁莽，做什么都是敷衍了事；你甚至会怀疑自己的存在价值，开始否定自己，最后不得已向生活提交了"妥协书"。

你，是这样吗？

你是不是因为除了爱以外的任何原因而将就了爱情？

你是不是因为年纪而将就了结婚的对象？

你是不是因为孩子而将就于现在的婚姻？

你是不是因为迫于生计而将就于现在的工作？

从我们开始向生活妥协的那一天开始，就已经决定从今以后，生活中的一切都将变成将就。中国人提倡中庸之道，认为中庸是一种人生智慧。然而这一优秀的传统文化思想，已经被世俗的人们曲解成"凑合""差不多就行""也可以吧"，甚至堂而皇之地把自己不求进取、妥协退让的行为美其名曰："这是人生的中庸之道。"

吴千是个 90 后，和所有这个年龄段的人一样，也没能幸免于被催婚的命运。过去的一年，父母退休在家，闲来无事，更是把所有的注意力都放在了她身上。亲戚朋友也连番劝说，生怕她成为"大龄剩女"。有时候，吴千也觉得自己相貌平平，工作薪资一般，是再普通不过的人了，年纪大了，也许就更找不到优秀的人。最终她没有抵住父母狂轰滥炸般的催促，终于结婚了。

男方是吴千父亲的一个老朋友辗转介绍的，是个公务员，和吴千年纪相仿，个子不高，长相中规中矩，说不上丑，但也和英俊沾不上边。身边的人都在说，"差不多就行了"，长得好看也不能当饭吃，工作稳定，人也踏实，日子总归是越过越好的。

婚后的生活却没有想象中那么幸福美满，从恋爱到结婚还不到半年的时间，结婚到生子也不过一年多的时间，他们脑海中的彼此都是别人嘴里的样子，根本不清楚对方的脾气、秉性到底是怎样的。生活中哪有不碰锅碗瓢盆的勺子，矛盾日渐显现出来。

吴千总是向父母抱怨自己很累，老公是一个很自私的人，安于现状且担不起对家庭的责任。有了孩子以后，他仍是自顾自地在工作之余玩游戏，不管家里是不是需要他，他总是不提前说一声就出去应酬，而且每次都是不醉不归。

吴千甚至觉得自己就像养了两个儿子。工作和家庭的重担让她越来越憔悴，甚至不敢再照镜子，她害怕见到镜子里那个面容憔悴、忧心忡忡的自己。然而，每次听到这样的抱怨，爸妈总是会说："结了婚都是这样，你们都有孩子了。为了孩子，也不能离婚啊。"

吴千就在一次又一次的妥协中，挥霍着自己的大好年华，不甘心而又没有勇气离开。

吴千的例子让我想到最近流行的一句话："世上只有该结婚的感情，没有该结婚的年龄。"爱情不能随便，婚姻不是妥协，优秀的女子从来不会担心自己被"剩下"，因为她们内心充实、自信独立，她们期待美好爱情的降临，更享受真命天子未降临前一个人的自由，她们走到哪里，哪里就会因为热情而被点燃，这样的人迟早会迎来属于自己的美好。

然而，现实生活中也有这样一群人，她们不是不懂世态炎凉、人情冷暖，但依然能够温和从容；她们不是不知社会不公、资源不均，但从不计较得失，更不会辜负自己。这都是因为内心强大，并且一直坚信自己既然存在于天地间，就值得拥有这世间最好的一切。

不将就生活的人，一定是懂得享受生活的人。她们喜欢烹饪，即使是最简单的菜肴，也会做得色香味美、摆盘精致；她们喜欢读书，周末，在图书馆总能看到她们求知若渴的身影；她们喜欢旅行，三五好友，说走就走，总能给心灵一个释放于天地间的机会。她们不会因为"不知道吃什么"就"随便吧，跟你们一样就行"，也不会因为年近三十岁，面对七大姑八大姨机关枪扫射一样的"催婚"就显得无所适从，因为她们清楚知道自己要的是什么。

既存于世，我们都带着自己的使命与责任，不要因为在意他人的眼光而选择委屈自己。我们每个人都有责任让自己的生活散发出本该有的美好，那怎样才能做到不将就呢？

首先，你应该树立信心。

做一个自信的人，相信自己并不渺小，多一些积极乐观的态度，少一些自怨自艾的悔恨；多一些斩钉截铁的爽快，少一些优柔寡断的顾虑。自信会在无形中让你变得强大，强大到敢于对不喜欢的生活方式说"不"。

2018年热播的韩剧《金秘书为何那样》，在微信朋友圈掀起了轩然大波。身边很多朋友都在羡慕金秘书，年轻貌美不说，超强的学习、工作能力，更是让人望尘莫及。她装扮精致，微笑迷人，一举一动中都散发着自信。

其次，你应该多些耐心。

坚守耐心的防线，不要一味崇尚速度和效率。对于迟迟没来的爱情，多一点耐心，宁缺毋滥，相信你的白马王子已经在来的路上；对于迟迟未升职的工作，多一点耐心，提升自己，相信"是金子，总有一天会发光"。没错，你缺少的只是一点耐心。

最后，你应该戒掉惰性。

戒掉懒惰，不要再放任自己。你总是在羡慕别人的好身材，却不知道身上每一圈肉肉都是对生活的妥协；你总叫喊着要减肥，却从来没有迈开腿。因为懒，你从不进厨房烹饪，而是选择大快朵颐地享受外卖快餐；因为懒，你从不去拿书架上蒙灰的书籍，而是选择无聊聒噪的综艺节目。你甚至懒得去考虑自己的未来。懒惰是我们最大的敌人，或许你认为自己只是一时懒惰，却不知道懒惰的惯性会让你未来的生活都是将就。

每件日常小事都会因自己而重要起来

罗丹说："世界上并不缺少美，而是缺少发现美的眼睛。"我们似乎总是被生活牵着鼻子走，就像陀螺一样在自己的一亩三分地上忙碌着。生活的压抑枯燥，似乎让我们变成不会说话，也毫无乐趣可言的机器。我们忽略了自己的内心，蒙蔽了自己的双眼，看不到这世间还有繁花盛开时的美好。

你懂得你的内心吗？有人大言不惭："你这不是开玩笑吗，哪有人不懂自己的？"是的，我也觉得自己是最了解自己的人，但是恰恰因为了解，往往最忽视内心感受的也正是自己。你可能困于诸多外在的因素，比如家人的希望、领导的期望、同事的眼光、朋友的攀比等，所以对自己的内心撒了谎。伤心疲惫时，你强颜欢笑，就这样，你总是活在别人的眼中，小心翼翼，最终把自己弄丢了。

我们需要找回真正的自己，诚实坦然地面对内心。或许你可以每天写一篇日记，把怯于启齿的烦躁不安和不堪重负以文字的形式呈现出来，不逃避，能够更加真实地面对自己的内心。或许你可以给自己一段独处的时间，推掉那些被安排得十分紧急却没有实际意义的日程，从而完成对自我的探索。可以是看一场最爱的电影，可以是适度的有氧运动，也可以是读一本能够涤荡心灵的书。但前提是你独自一人，因为只有这样，你才能专注于自己的内心和思维，也只有这样，你才会有新发现。

说到著名艺人马伊琍，我们很多人并不陌生。相信很多人和我一样，初次认识她，是通过电视剧《奋斗》里面的夏琳这个角色。夏琳的人物塑造让我觉得，她有着自己的骄傲和倔强，爱憎分明，对爱执着但不纠缠，对于人生，更是有着自己的梦想和追求。就连马伊琍自己都曾说，在她塑造过的角色里，夏琳是最像她，也是她最喜欢的角色。

十年之后，一部《我的前半生》在各大卫视热播，又将马伊琍的演艺生涯推向一个高峰，让她赢得广大电视观众的一致认可。她更因饰演剧中罗子君这一角色，首次获得了"白玉兰奖"最佳女主角。她坦言："女人不要为取悦别人而活，希望你们为取悦自己而活。每个人只有一次前半生的机会，勇敢地、努力地去爱，去奋斗，去犯错，但是请记住，一定要成长。"

这番感言把我们的记忆拉回 2013 年，其丈夫文章被爆出轨，全国人民都在等马伊琍说离婚，而她只回应："恋爱虽易，婚姻不易，且行且珍惜……"她选择原谅，这看似简单的一行字，却透露她内心的笃定。她知道自己要什么，从一开始就知道，人人都反对这段相差八岁的姐弟恋，但她不顾世俗的眼光，义无反顾地选择了爱情。从结婚到生娃，她选择取悦自己，为自己而活，并且以一个女人成熟睿智的方式解决了婚姻的难题。

2016 年，由马伊琍和文章领衔主演的《剃刀边缘》受到大家的一致认可与好评。风雨洗礼过后，我们看到的是外表更加成熟漂亮，内心依旧真诚笃定的马伊琍。

说到取悦自己，有一种花不得不提，它就是昙花。若论美丑，它的魅力与众花相比，可谓有过之而无不及。但和别的花不同，它在夜间开放且绽放时间很短，所以世人也常用"昙花一现"来比喻那些美好而又短暂的事物。有位禅师曾说："那些白天开放的花，都是为了引人驻足欣赏和赞美，而昙花在无人欣赏的夜晚依然悄然绽放，为的是芬芳和取悦自己，它只为让自己快乐。"一株植物尚且懂得为自己而活，懂得把快乐的钥匙掌握在自己手里。正是由于昙花懂得取悦自己，让自己变得美好的同时，也让世人懂得了珍惜这"昙花一现"的美好。

或许做人应学昙花，短暂绽放，不为取悦世界，看似在寂寞中孤芳自赏，实际却是在孤独中微笑以待。然而，要想做到取悦自己，还必须做到以下三点。

首先，明确自己的优势和劣势，不要盲目制定遥不可及的目标，因为那只会让你陷入胡思乱想的迷雾之中。明确一点，生活中没有完美的人和事，我们应该正视自己的缺点和不足，更要正视人生的挫折和缺憾，为自己而活，而不是以他人眼中的自己为参照，这样你的生活会轻松很多。

其次，享受孤独，用积极乐观的态度面对生活，任何时候都不要轻易降低自己的生活品质。之前，网上流传着"国际孤独等级"划分表，网友看了纷纷说恐怖。然而，对于那些享受孤独的人来说，孤独恰恰是上天为他们特意安排的，也是可以让他们更清楚地认知自己的机会。只有享受得了"无言独上西楼"的孤独，才能绽放出世上最绚烂的美好。

永远怀有对生活的希望，更要积极乐观地面对生活中的挫折与磨难，也只有这样，才不至于在人生的岔路口迷失方向，从而失去自我，最终向生活妥协。

最后，希望你拥有强大而自由的内心。生活的压力或许可以束缚你的身体，却阻挡不了你去追逐自由。身处乱流，我们需要将内心修炼强大，才能做到不随波逐流。总有一天你会发现，一颗不被禁锢的心会释放出超乎想象的能量，而这能量足以让你自立于世，璀璨无比。

当你能够做到取悦自己，足够重视自己的内心时，会发现生活中所有的细节都变得那么美好，甚至连空气都变得鲜活起来，身体仿佛被大自然注入了无限的能量，那么畅快，那么自在。

你开始停下奔走的脚步，俯下身来，任由自己在花香中徜徉；你开始抬头仰望，看云卷云舒，看繁星闪烁，任由思维天马行空地驰骋；你甚至开始做一些"无用"的小事，种一盆不知名的野花，养一只慢悠悠的乌龟，或是变废为宝，做一些精巧有趣的手工。

你说你很享受这样的生活，因为这些小事代表的意义，让你觉得自己都变得重要起来了。

学会把将就的日子过成讲究的生活

我有一个朋友，她不是传统意义上的美女，但是无论她走到哪里，人们的目光就会像聚光灯一样追随到哪里。她好像永远知道什么场合适合什么样的装扮，她身上衣物的颜色从来不超过三种，所有的搭配看起来都那么得体、那么和谐。她的身上总是散发着淡淡的香水味，不浮夸，却很耐人寻味。"赏心悦目"四个字好像是为她量身定制一样。

她对生活的讲究，不仅体现在穿衣打扮上，更体现在她对日常生活的用心上。她喜欢研究美食，为了保证营养的均衡摄入，她家一周的食谱从来不会重样。就连早上煎的荷包蛋都要随时变换形状，还要配以绿色，或是薄荷叶，或是西蓝花，或是其他蔬菜。她说："黄色和绿色搭配起来会很好看。"

在她家，你永远看不到随手一放的物品，仿佛她家的拖鞋、衣架、遥控器等都是有灵性的，永远那么井井有条地待在属于自己的位置。一尘不染的桌面反射着太阳的光辉，显得异常刺眼。客厅里永远弥漫芬芳，今天摆放的是艳丽动人的玫瑰，明天或许是淡雅的雏菊。

你或许会惊讶于她对生活细节的重视。没错，正是由于她把生活中的小事做得精致，才享受到我们渴求的、讲究的生活。

我们一生中或许也要面对千千万万或大或小的选择，小到一日三餐吃什么、明天穿什么，大到从事什么样的职业，和什么样的人共度余生。站在这些选择面前的我们，或许会说"能住人就行呗，卫生打扫了还不是会脏""能吃饱就行呗，吃什么都差不多""能挣钱就行呗，工作基本差不多"。就这样，我们沦为胡适笔下的"差不多"先生；就这样，我们将就了生活，生活也不再对我们讲究。

冉冉是一个漂亮的女孩子，大学时期，她也称得上校花级美女，皮肤白皙、长发飘飘。此外，她对时尚的嗅觉还十分敏锐，穿衣打扮总是别具一格。好像用所有美好的词汇来形容她都不为过。冉冉自然也成为当时很多男生心目中理想的女朋友。

可是最近的同学聚会上，我们却几乎认不出她来。她头发毛糙，用发夹随意夹起；毫无修饰的脸上莫名多了很多斑，眼睛也不似从前有神了，眼尾甚至可以看到若隐若现的鱼尾纹。不仅如此，以前身材苗条灵动的她，现在不说大腹便便吧，至少也称得上随身携带"游泳圈"了，即使穿再宽松肥大的衣服，赘肉也一览无余。

我们既惊讶又困惑，惊讶的是昔日的女神居然有如此"接地气"的时候，困惑的是她到底经历了什么才变成现在这样。

几番询问后才知道，原来大学毕业以后，男朋友就向她求婚了。对方颜值自然是"在线"的，加上恋爱时对方温柔体贴又幽默，仿佛具备了小说里完美男主角的所有光环，冉冉自然就答应了。结婚以后，男生希望家庭稳定，趁着年轻赶快要个宝宝，并说："我完全可以负担起你和宝宝的生活支出，你就安心在家照顾宝宝就好啦！"冉冉本来还想在职场打拼两年，听老公这样说，自然被爱情冲昏头脑，成为家庭主妇。

冉冉很快做了妈妈。妈妈这个新身份并没有让她兴奋多久，孩子的啼哭、夜晚的难眠、带娃的心酸，让她的心理防线很快就坍塌了。更让她感到不平衡的是，她被娃拴在家里。然而孩子的出世似乎没有对老公的生活造成任何影响，很快，她就被生活琐事折磨得找不到自己。

每天的生活都是围绕着孩子，不要提穿衣打扮了，很多时候连吃口热乎饭都变成奢侈的事，只能随意扒拉两口。用她的话说："能有时间洗脸、上厕所就不错了"。

冉冉在无意中失去了自我，对爱情妥协，对生活妥协，到最后对自己妥协，把日子过成了将就，我们再也看不到以前那个从容不迫、生活讲究的她了。

"讲究""精致"等词常让我们不由自主地联想到昂贵和奢侈，其实，讲究不过是一种生活态度，并不是脱离人间烟火的存在。对于生活，你愿意选择热爱还是厌恶？你愿意选择改变还是故步自封？你愿意选择讲究还是将就？如果你选择热爱生活，那生活会散发出勃勃生机；如果你选择改变，生活会出现新的转机；如果你选择讲究，幸福自会来敲门。

如何把将就的日子过成讲究的生活，可以参考以下三点。

首先，做一个热爱生活的人。

生活常常平淡乏味，有时候会像没有波澜的湖面那么平静，以至于让我们越来越懒得去感知生活的趣味和美好。但是，如果你多一些好奇心，多一点求知欲，用眼睛去发现，用心灵去感悟，你会发现生活中那些细微的美好原来就在身边。爱是一种能力，热爱生活的人，也终将被生活所爱。

其次，精益求精，认真对待生活中的小事。

我们总是好高骛远，总想成就一番大事，却不知"千里之行，始于足下"，亦不知"一屋不扫，何以扫天下"。事无巨细，对待生活中的小事，我们更应该本着精益求精、追求完美的本心。只有这样，生活才会以完美的形态呈现在你面前。

最后，注重仪式感。

你可以没有富足的物质条件，但精神不能贫瘠；你可以过着简单朴素的生活，但不能缺少生活情调。无论你是单身还是已婚，请懂得为生活添加一抹色彩。你可以去看一场新上映的电影，可以将上次逛街时那条心仪已久的项链送给自己，或是和伴侣携手来一次说走就走的旅行。讲究的生活不仅需要仪式感，也需要取悦自己的能力。

不要总是活在别人的期待里

有人感慨人生短暂，有人感慨时光匆匆，不用诧异，那是因为我们对世间万物的心态不同，看到的也未必一致，更不用说内心感受了。生活于世间，每个人都是独一无二的个体，父母赋予我们生命，而我们需要赋予生命一定的意义。

那你生命的意义是什么呢？小时候被要求做个乖孩子，上学了被要求做个好学生，大学毕业了被要求找份好工作，继而被要求找个好对象。就这样，你一直被要求，或许曾几何时，你也问过自己真正要的是什么。但是很快，你发自内心的声音渐渐消失了，它们被无情地湮没在外界各种看似合理的要求里了。

晓晓一直以来都是大家口中"别人家的孩子"，在校成绩优异，每个学期考试必定位列前三，还是学校里出了名的才女，唱歌、跳舞、主持，没有一项是她胜任不了的。她总是以乖乖女形象示人。小区里的人都说这孩子太优秀了。每每听到这话，晓晓父母的脸上总是洋溢妙不可言的得意和骄傲。

和父母相反的是，我们在晓晓的脸上却没见过她发自真心的笑容。按说这个年纪的孩子最是天真烂漫，院里谁家的孩子不是整天嬉笑打闹，可是她与别人打招呼时也是嘴角微微上扬，脸上却不动声色。

原来，晓晓叔伯家的堂哥、堂姐，姨舅家的表哥、表姐不乏优秀之辈，他们都生活在大城市，教育资源自然比三线城市更优越。晓晓的父母只有她这么一个女儿，自然也不能被人比下去，所以从小就对她要求特别严格。晓晓的课余生活被安排得满满的，周末被各种兴趣班课程占据了，每天下课还有两个小时的课外补习时间，晚上回到家，还要练习周末学习的舞蹈动作、钢琴指法等。看来优秀的孩子活得实在不易啊，也难怪晓晓总是难展笑颜。

就这样，晓晓顺利考上了一所一本的学校，那里是人才扎堆的地方。跳出自己固有的圈子，很快会发现还有很多人比自己更优秀。晓晓也不例外，她很快感到自卑，因为她发现当别人口若悬河地论述自己的观点时，她却毫无自己的想法。大家提议一起出去玩的时候，她也只能随口搭话，没有自己的主见。

慢慢地，晓晓被大家边缘化了，成为大家眼中没有主见的人。

我们国家历来就有"父母包办"的传统，这本是糟粕，按说早就应该被历史的车轮碾压，但是不知道为什么，到了现代社会，这一传统却显得更加肆无忌惮了。毫无疑问，我们很多人都是在父母包办下长大的，他们为我们安排好一切，我们只需要配合他们的安排，而且要尽全力配合，尽可能让他们感到颜面有光。

很快，我们长大了，父母也觉得应该让我们试着独当一面，于是他们开始"垂帘听政"。初次把握自己人生舵盘的我们，兴奋不已，内心雀跃，喊道"我终于可以为自己做主了"。然而好景不长，我们开始迷茫，因为很早以前我们就已经和"自主"绝缘，从未为自己而活，我们已经习惯"被要求"。工作中的我们提不出领导所谓的建设性意见，恋爱中的我们一味迁就对方的喜怒哀乐，朋友圈里的我们也是一味跟从大部队。有人说，我们这个时代的人得了"绝症"——不知道自己喜欢什么。

现实生活中不知道自己喜欢什么的人，数不胜数。这些人往往有一些共性，他们可能为了上一所好大学，读了四年自己并不喜欢的专业，不突出，也不垫底。你问他们有什么爱好，他们也无从回答。大学毕业后，隔行如隔山，他们想尝试自己曾经颇感兴趣的行业，但是碍于专业限制，也只能一如既往地选择专业方向就业。业绩呢？也一如既往地高不成、低不就。

这时，"垂帘听政"的父母不乐意了，"你看李叔叔家的儿子，工作出类拔萃，今年又升职加薪了""你看张阿姨家的女儿，男朋友工资高，还对她特别体贴"。每当听到这些话，就激发了我们内心无限的斗志，让我们下决心要为自己活一次，不为取悦任何人。

心理学有一个概念叫做"空杯心态"，即"并不是一味地否定过去，而是要怀着否定或者说放空过去的一种态度，融入新的工作，新的事物"。空杯心态也被影视明星李小龙所推崇，他认为应该清空自己的杯子，这样才能再次注满。

我们辞掉了看起来体面、干起来安逸的工作，因为那适合即将退休的老干部，而我们风华正茂，应该做一些比"和尚撞钟"更有意义的事情；我们开始每周敷三次面膜，不是因为明天要去见七大姑八大姨给安排的某个毛头小子，而是因为发自内心地想自己变得美好；我们重新捡起为了高考而丢掉的爱好；我们放弃了自己并不喜欢的工作；我们疏远了那些涉及金钱利益的酒桌朋友。我们所做的一切，都是为了能够为自己活一次。

有人或许会说："我年纪大了，不像你们年轻人还有折腾的资本。"我想说，年纪也只是一个数字，在任何年龄段，学会为自己而活都显得尤为重要。不要总是活在别人的期待里，你要做的不是别人眼中的自己，而应该活成自己内心想要的样子。只有你自己才是这世界上最重要的人，为任何人牺牲自己都不值得，因为其他人不会对你的人生负责。

天大地大，我们不应该把自己局限在一个角落，应该勇敢地大步向前，为自己而活，不为取悦他人。相信你若美好，清风自来。

打造不流于俗的精神世界

我喜欢写作，但这只是我的一个爱好，更谈不上专业。很多时候，我认为写作可以让内心平静地审视自己，更加客观地定位自己。有人说这是一个虚浮的时代，身处这样的时代，人心难免会跟着大环境一起起起落落。相比读书、品茗，安享一份静谧时光，当代的年轻人更倾向于选择蹦迪、K 歌等可以给身心带来较大愉悦冲击的事情。

朋友吕虹是个 90 后，她很喜欢画画，但也只是爱好。相比同龄人，她身上多了几分坦然与安静，存在于喧嚣的城市之外，与大街小巷闪烁的霓虹灯显得格格不入。关于画画，她小小年纪却颇有心得，她说："只有心静的人才能享受画画的乐趣。换做内心狂躁的人，面对画架，只会更加烦躁和迷茫，因为你的笔无法代替你的心。"

尽管知道画画不能作为一份职业，她也一如既往地坚持着每月完成一幅水墨画的习惯。如果你见过她画画的样子，一定会被她专注的眼神打动，画笔起落之间尽显内心的安然与无畏。

我们经常会发现一个规律，一些内心强大的人，往往不太注重装扮自己，甚至有的看起来根本就是"不修边幅"。关于这点，吕虹也一样。我问她："像你们这种不流于俗的人，是不是因为过于关注内心，而忘记对自己进行一些外在的修饰？"对此，她只能下意识地看看自己身上这身"换了洗、洗了换"的行头，说："如果只有一定的经济能力，那么我一定会选择一支做工考究的画笔而不是化妆品。"她因此为自己编织了一个坚不可摧的精神世界。

再看她画的画，无论是平湖秋月还是远山孤雁，抑或泛江孤舟，无不给人以静谧与安详的享受，仿佛置身画中。我想，也只有心中有诗意的人，才能用画笔做出如此完美的诠释。

有人说："不流于俗，便寡于众。"不随波逐流的人可能与这个社会格格不入，也可能成为他人眼中的另类，还将承受更多不被世俗理解的眼光和言辞。

电视剧《士兵突击》里的许三多，到草原五班这个"孬兵的天堂"之后，并没有像其他几个老兵一样，而是一如既往地坚持在新兵连养成的良好作息、内务整理习惯。直到他坚持要修一条路，他的"呆劲儿"已经让五班所有人感到前所未有的忐忑。他们咒骂许三多，甚至不惜充当捣乱分子。

这时候，老班长讲了一个故事。有一家人养了五条狗，其中四条总是顺时针跑圈儿，另一条总是逆时针跑圈，后来这条逆时针跑圈的狗被主人宰了吃。

后来许三多终于明白，自己就是那条格格不入的"逆时针跑圈的狗"，但是他没有因此而退缩。被战友孤立，也承受着异样的眼光，但许三多还是坚持铺完了自己的路，也因此打开了通向步兵生涯巅峰的路。

不随波逐流，坚持我们的本心，才能写出属于自己的独特人生诗篇。面对异样的眼光，我们大可以微笑以对；面对声声质疑，我们也有权选择沉默，不作回应。这不仅仅是因为"鸡同鸭讲"，毫无意义，更因为那会浪费我们前进路上宝贵的精力。

但能在世俗的泥石流中屹立不倒，甚至逆流而上的毕竟还是少数。面对现实的压力，很多人一只脚已经踏入世俗的洪流，更有甚者已经被其无情湮没。

关于这点，每个人都有自己要走的路，在这段路上或许有很多无奈与艰辛，这是我们必须承受的，也要因此付出相应的代价。我们只需要问问自己这样选择后，内心是否能够获得安宁。如果答案是肯定的，那你的选择无疑是正确的；但如果答案是否定的，那么"悬崖勒马"也犹未晚矣。

不可否认，很多时候我们流于世俗，不过是因为无法抛开物质追求的束缚，无法斩断一切困于物质的欲望。正是这些外在的附加物使我们的生活失去了原本的美好。

举例来说，很多人都说最美好的时光就是童年时期。因为那时的我们不懂什么是"生活所迫"，也不懂什么是"贫富差距"，我们可以放肆地享受美食，而不必为穿不上的裙子感到失落；我们可以尽情地踩水坑、玩泥巴，而不用担心衣服会因此被弄脏；我们摔疼了，可以用嚎啕大哭的方式来宣泄心中的委屈，而不用担心"皇冠"会掉，别人会笑。

其实，想要不流于俗，只需要从小事做起，首先让自己保持一颗宁静的内心，不要过于执着于对物质的追求。

一场春雨过后，走在下班路上的你，不妨适当放慢脚步，尽情呼吸一下混杂着泥土与青草芬芳的空气；给自己一个放松的假期，不妨去海边开阔一下自己的心胸与视野，不要因为裙子价格不菲就错过了在海上放飞自我的机会；去郊外野餐时就尽情享受鸟叫虫鸣的乐趣，而不是责怪蚊虫"多情打扰"。

我喜欢写作。写东西的过程其实和画画很像，我们都是通过手中的笔来反映自己的内心世界。而我写别人，也写自己。写别人的生活，可以反思自己的优势与劣势；写自己的生活，可以在一定程度上厘清繁杂的思路，让即将脱轨的列车回归正途。

改变心态，我们都可以做到不流于俗，拥有诗意的生活。

在雅趣的培养中提升自己的品位

陈雅的父亲去年 10 月因急性心肌梗死而做了心脏支架手术。手术之后，老爷子一直郁郁寡欢。陈雅说，父亲就是个普普通通的农民，但偏偏心比天高。尤其是陈雅成了村里唯一一个大学本科生之后，老爷子觉得培养出了大学生，面上自然有光，逢人便说："以后雅雅就在城里了，我也能去享清福了。"

老爷子的梦想是实现了，陈雅结婚后，就把老爷子接到了城里，可清福没享几天，老爷子忽然得了心脏病。老爷子一辈子要强，受不了村里人"没有那享福的命"的酸话，所以一直不太高兴。陈雅因此忧心忡忡。

我告诉她，给老爷子培养个兴趣爱好是最好的办法。几经筛选之后，她选定了书法，兴致勃勃地给老爷子配齐了笔墨纸砚，还有入门级别的毛笔字帖。

过了一段时间，陈雅跟我说，老爷子现在迷上了书法，虽然还写不好，但是练字的同时，他无意间接触了毛泽东诗词，大受鼓舞。他现在终于不再整天闷闷不乐了，还经常去公园向那些拿着大毛笔练字的人请教，交了很多朋友。由此可见，一个好的兴趣爱好，对于改变一个人的生活现状是多么重要。

　　培养一定的兴趣爱好，可以帮助我们在职业生涯中更好地定位自己、规划自己，这仅仅是因为在兴趣的培养过程中，它潜移默化地开阔了我们的思维，并在坚持的过程中持续被内化成技能，所以进入职场的我们可以发现更多优质资源。毫无疑问，这些都是兴趣带给我们的助益。

　　有人说，如果兴趣的培养是为了吸金和职业规划，那未免太功利了。接下来我们要说的就是"雅趣"的培养。顾名思义，雅趣的关键在于一个"雅"字，它不带任何世俗目的，单纯是为了提升自己的品位，还内心一份宁静。

　　我工作多年，有幸结交了很多朋友，其中有一位刚好就有这样的雅趣。

　　小杨是我朋友圈里出了名的独具匠心的人，去过她家的人都知道她有收集盆景的喜好。每次去花卉市场、文玩市场，看到与众不同的盆景，她不惜倾囊也要将其"霸占"，甚至连颇具可塑性的盆栽也"不放过"。这里顺便普及一下盆景和盆栽的区别，用小杨的话简单来说，"盆景是讲究造型的，是由盆栽发展而来，一盆好的盆景可以独立成景，仿佛是大自然某处风景的浓缩。"

　　但也并不是每次去都会有收获，她总说"宁缺毋滥"，可以看得出她对盆景的喜爱不是一味地追求数量，而是发自内心地欣赏它们。

其中有一个被称为"仙风道骨"的盆景，那是一盆松树，作为外行的我只能说："太美、太有意境了。"下面是一节分明的枯干，起初是垂直下旋，后又形成多个回旋，最后朝左下方延伸出去的枝干却点缀了层层新绿，且错落有致。那节历尽沧桑的枯干被她称为"仙骨"。她又指向那片新绿，问道："你看到它的'求生欲'了吗？"除此之外，她还告诉我，整个盆景的意境和神韵都是通过这些恰到好处的"转角"和"回旋"来衬托的。

不得不感慨，这棵小小的植物，在她眼中已经不再是一个单纯的盆景了。她是在用心感悟它们不屈不挠、奋发向上的精神，也在无形中提升了自己对人生的感悟和对美的追求。

或许我们都可以选择一个适合自己的小小雅趣。我看很多年轻人喜欢养多肉植物，他们会选择袖珍而精致的花盆，或种上粉嫩可爱的桃蛋；或种上长相"怪异"的生石花，彰显自己独特的审美个性。他们还会买一些迷你装饰品，可能是各种颜色的塑制小蘑菇，也可能是几只活灵活现的塑制瓢虫。有的甚至直接将多个品种的多肉植物直接种在一个小型的"创意家"中，错落有致，小桥流水，还有可爱的人物在里面，看起来生动活泼。不得不承认，这对个人审美有着很高的要求啊！

养多肉植物的人都知道，"爆盆"的山地玫瑰简直美到极点。

山地玫瑰的种类很多，同一种类也会有不同颜色，比如耶罗，它可能呈粉绿色，也可能是粉紫色。我们可以根据自己的喜好，根据颜色的不同，将几棵不同种类的"小可爱"栽到一起。比如你可以选择耶罗、血樱、白玉鸡蛋和酒杯，再加上一两株极品小萌宝，那颜色搭配起来，简直不要太美。

当然也有很多人说山地玫瑰并不好养，它们怕湿，喜欢阳光，温度也要控制在一定范围，否则根本无缘看到所谓"爆盆"的美景。但我想说，如果你见过山地玫瑰盛放的美妙，种养的这点艰辛似乎也就不算什么了。以下是我个人种养山地玫瑰的一点经验，在这里分享给大家。

首先，要注意基质的选择。山地玫瑰喜欢疏松透气的土壤，我们可以按照 6 ∶ 1 的比例来搭配颗粒物和非颗粒物，前者一般选择陶粒、珍珠岩、蜂窝煤渣等；后者一般选择砻糠客、泥灰等，上面覆以麦饭石。

其次，浇水的时候一定要控制水量，山地玫瑰是比较抗旱的植物。水量尽量控制在花盆高度的 70% 左右，且要保持麦饭石的干燥。

然后，提供良好的通风和光照条件。良好的通风条件才能保证其根系的健康生长，充足的光照则可以保持山地玫瑰颜色正常。我们可以选择将其放在阳光充足、通风良好的阳台上。

再次，要注意肥料的施加。山地玫瑰对肥料方面的需求并不是很高，我们只需要每隔2—3个月在花盆里放一些颗粒缓释肥即可。另外要提醒大家的是，休眠期的山地玫瑰不宜施肥。

最后，注意温度的控制。高温会使山地玫瑰进入休眠状态，所以不宜暴晒；温度过低（0℃以下）又会有冻伤的危险，最好的生长温度是5℃左右。

我在养山地玫瑰的过程中最直接的感受就是"欲罢不能"。在种养过程中，我发现在纠结花盆颜色和花色搭配的同时，渐渐知道了美学中最基础的红、黄、蓝三原色的搭配，知道了什么是互补色，互补色搭配起来会造成一定的视觉冲击，但又不会让人感觉突兀，比如黄、蓝。我还明白了什么是色彩的饱和度等，无形中提升了对美的认知。

雅趣确实是我们提升自我品位层次的一个重要途径。所以，不妨给自己一个提升的机会，适当培养一个适合自己的雅趣吧！

别在负能量中"走火入魔"

不久前，一个朋友向我吐槽，她实在看不惯肖美频繁在微信朋友圈晒出游、晒美食、晒浪漫，所以屏蔽了她的朋友圈。其实这个朋友之前就跟我提过肖美经常出去旅游的事，"经常去这种网红地方拍照打卡，有什么意义啊！无非就是在炫耀自己。"其实我已经闻到了浓浓的醋味。

还有一个亲戚前段时间来家串门，我们说起同事家一个孩子很优秀，已经收到英国某知名大学的录取通知书了。在大家一片羡慕声中传出了一个异样的声音："学那些崇洋媚外的东西有什么好的，国内那么多好大学，还装不下他了？没看新闻报道吗？很多海归一样找不到工作。我看我家小伦读的大学就不错。"

没错，这就是我们常说的嫉妒心理。像常说的"吃不到葡萄说葡萄酸""某某又酸了"等，其实在一定意义上反映不同程度的嫉妒心理。一旦这些负面情绪在心里积压到一定的程度，就会变成我们抹黑别人的"恶语"，又或是暗中使绊的"陷阱"。

说实话，我相信嫉妒心理是普遍存在的，任何一个人都很难真正做到与世无争，也不和任何人做比较。人无完人，我们不可能什么事都做到尽善尽美。这时候，比较就是人之常情了，我更愿意相信每个人心中都藏着嫉妒的种子。

作为一种难以控制的消极情绪，它会让我们处于不同程度的愤怒当中，并在贬低自我价值的同时变得极度缺乏安全感。于是我们会在嫉妒的漩涡里挣扎，直到它将我们完全吞噬。

嫉妒的危害是显而易见的，而任何负面情绪的出现都不是毫无来由的，嫉妒也不例外。有研究表明，嫉妒心理形成的最原始因素是"未被满足的童年需求"。简单来说，我们都知道孩子都有被爱、被认可的情感需求，但如果在幼儿时期，孩子这种情感需求并没有从与之有亲密关系的人那里获得，就会使孩子长期处于一种不安全感当中。而长大以后，这种不安全感就会表现为强烈的占有欲，还表现为对潜在个人价值丧失的恐惧。所以在与人建立关系的时候，就会不自觉地表现出嫉妒。

常见的嫉妒心理，会有以下几种表现。

表现一，"泼冷水"。

当你在工作或者学习中取得优异成绩的时候，相比上前恭贺，他们会选择无视你，甚至会以"泼冷水"的方式来贬低你的成绩。比如你一次性高分通过大学英语四级考试，舍友却说："有什么好炫耀的，不过是瞎猫碰到死耗子罢了。"

有嫉妒心理的人在面对别人的成就时也会有巨大的心理压力，所以他们选择以"泼冷水"的形式来发泄这种压力。

表现二，"杀敌一千，自损八百"。

面对同一件事情，存在竞争关系的两个人不免会产生嫉妒心理。对于嫉妒者来讲，他们的竞争往往是损人而不利己的。这种竞争明显是情绪化的，是在心理失衡的状态下做出的"鱼死网破"的决定。比如两个人同时竞争部门经理的岗位，明显处于弱势的一方就有可能抑制不住自己的嫉妒心理，做出一些失去理智的事情，最终导致两人都失去入选资格。

表现三，部分选择离开你的人。

很多人都发现这样的规律，两个"平起平坐"的人会保持不错的关系，而一旦有人取得突飞猛进的进步，打破了这个对等关系的平衡，就会使两人关系破裂。我们生活中不乏这样的例子。

或许选择离你而去的人，恰恰是因为无法承受你的"明月之光"，不甘心做一颗黯淡的星辰，更无法掩饰内心的自卑，才会选择离开。

我们每个人都存在不同程度的嫉妒心理。生活在多种复杂的人际关系中，扮演着多种角色，我们根本不可能避免嫉妒心理的存在。那么如何才能在一定程度上控制嫉妒心理，又如何有效地避免有害的嫉妒行为，保持健康和谐的人际关系呢？

首先，需要正视内心不安全感的根源。

要正确处理早期的不良依恋经历带给我们的不安全感。处理并不意味着要根除，那毕竟很难做到，我们要做的不是摆脱它们，而是正视它们的存在。

其次，说出来，用正确的方式表达自我的内在情感需求。

当不论怎么努力都无法控制嫉妒带给我们的负面情绪时，不妨将心中的恐惧、焦虑用正确的方式表达出来。你可以向心中认可的朋友倾诉，抑或告诉专业的心理咨询师。当你将这些情绪表达出来以后，会感觉轻松不少。

最后，正确认识自我需求与他人成就之间的关系。

由嫉妒产生的一系列负面情绪，归根结底是源于我们错误地判断了自己和他人的意图。黑格尔说："嫉妒是'平庸者对卓越才能的反感'。"我们必须摆正自己和他人之间的关系。每个人都有自己的人生使命和人生价值，每个人都有自己与众不同的道路要走。我们要培养豁达的人生态度，"天外有天，人外有人"，正视他人成就，正视自身不足，假以时日，定能有所成就。

莎士比亚曾说："一定要留心嫉妒啊，那可是一个绿眼妖魔！谁做了它的牺牲品，谁就要被它玩弄于股掌之中。"希望我们都不要被"绿眼妖魔"绑架，不要将心中的嫉妒化成极具攻击性的利剑，更不要在负能量中迷失自己，走火入魔。

优雅地过出温煦暖和的生活

有一次，一个好久不见的朋友到我所在城市旅行，顺便"访友"。我们见面次数不多，却很有缘分，每次总有聊不完的话题。我们相约在她入住的酒店见面。

到了酒店，我迫不及待地走向前台想要询问电梯入口在哪里。前台有两位身穿工服的年轻女孩，虽然穿着是一样的，但两人的样貌和气质却完全不一样。右边的女孩一看就是能被定义成美女的那种，鹅蛋脸，皮肤白皙，五官精致且比例完美；相比之下，左边的女孩就稍显逊色了，面容清瘦了一些，五官也没有那么完美。

当我走上前去时，左边的女孩马上起身回应，笑说："您好。"我表达了自己的诉求之后，她还详细询问了我朋友的房间号码，并耐心告诉我出电梯后朝左手边走就能找到。全程脸上带着笑容，举手投足间流露出的都是"专业"。微微上扬的嘴角，让我心底升腾起一种置身于春日暖阳下的错觉，但这么形容真的一点都不过分。

而右边的女孩呢？却是全程面无表情，也许就是现在人们常说的"高冷范儿"美女吧，一副拒人于千里之外的样子。

我不禁开始反思到底什么才是优雅。

举例来说，作为中国超模的杜鹃，可以说是兼具高冷与优雅特点的典型代表，更有喜欢她的网友用"美人在骨不在皮"来称赞杜鹃的优雅气质。

杜鹃身高179厘米，凭借极具东方特色的面庞，完美诠释了什么叫与众不同的美。她在电影中塑造的人物形象也大多是偏高冷气质，这样的杜鹃总会让人以为爱她的男人都只能成为她生命中的过客，而不能真正走进她的内心。

无论在国际 T 台的表现上还是在电影人物的塑造中，我们都不可否认杜鹃的优雅中透露着高冷。但我想大家可能过分解读了优雅和高冷之间的关系。很多时候，银幕呈现给观众的只是一种理想化的效果。简单来说，杜鹃具备高冷的特质，而模特本身就代表着优雅，她只是将自身的优势最大化地展现给观众。就像我们说电影人物的塑造"永远是来源于现实，而高于现实"，那只是为了达到特定的效果而特意这样去包装的。

更重要的是，优雅的一个最重要标准就是和谐。杜鹃的职业要求她必须以这样的形象出现，这就是和谐，所以看起来优雅。而我们都不是杜鹃，不需要生活在聚光灯下，我们的形象需要与自己的社会角色契合，这样看起来才和谐。

作为酒店前台，身处服务行业，微笑才能彰显你的美和专业。若要做一个高冷的"花瓶"，或许不应该选择站在这个位置。所以，高冷或许会让你看起来优雅，但优雅绝不仅仅是高冷。

同样作为超模的刘雯，既能如月光女神般高冷，又能如邻家女孩般平易近人，谁又能说这样的她不优雅呢？生活中的她，脸上永远洋溢着自信的微笑。刘雯平易近人，甚至被网友们亲切地称呼为"大表姐"。离开了 T 台，脱下高定时装的她，也能把简单的款式和低调的颜色驾驭得"炉火纯青"，甚至在一定程度上改变着我们对基础色的误解。

不得不说，刘雯是我见过的能把纯色宽松毛衣和阔腿牛仔裤驾驭得最好的人，没有之一。黑色的中长头发被阳光"染"了色，饱和度较高的黄色毛衣，看起来舒适又有质感，搭配丹宁高腰牛仔裤，一切都显得那么和谐、那么温暖与美好。

生活中，她呈现给我们的样子就是这样热情洋溢。谁说只有高跟鞋才是优雅的"代名词"，脱下让人美丽、让脚"遭罪"的高跟鞋，踩上一双平底鞋，刘雯嘴角上扬，酒窝立现，在温柔阳光的生活中诠释着自己的优雅。

生活就应该是充满温暖的，恰到好处的和谐才是优雅。有人说："最优雅的举止莫过于浑然天成，没有一丝刻意的修饰，并且时刻呈现自己最真实的状态。"那种优雅不是来自长相，也未经任何刻意的粉饰，而是一种乐观自信的外在流露。她们看起来很随和，不会因为头顶夺目的光环而让人觉得无法靠近。她们优雅大方，总能将自身的温暖传递给身边的人，从而使对方不感到拘谨。

做个优雅的女人，其实你不必拥有天赐的好容貌，也不必将自己"武装"成高冷的"冰"美人，只需要全力配合生活该有的美好，用心体会这份美好的同时将它传递给你接触的每一个人，这就是属于你独一无二的优雅。

第三章

给自己品味孤独的契机

做懂得享受并拥抱孤独的人

王国维在《人间词话》中巧妙地借用古代大词人的作品来讲做学问的三个境界。

"昨夜西风凋碧树。独上高楼，望尽天涯路。"

此一境界，讲的是昨夜西风怒吼，以至于翠绿的树叶都被纷纷吹落，主要突出词人当时所处环境的恶劣。然而，在时局动荡的恶劣环境下，作者却独自登高远眺，排除所有私心杂念与外在环境的干扰，因而得以清晰地看到天涯的尽头，明晰前进的方向。

"衣带渐宽终不悔，为伊消得人憔悴。"

此二境界，讲的是我们前进的道路崎岖不平，要坚定锲而不舍的决心，哪怕人瘦了、憔悴了，也终不后悔。

"众里寻他千百度。蓦然回首，那人却在，灯火阑珊处。"

此三境界，讲的是经历过孤独，经历过挫折，我们终于迎来"灯火阑珊"；我们逐渐成熟起来，能洞察别人所不见，能明晰别人所不解，能成别人所不成。

后来我们发现，此三境界并不仅仅可以应用于做学问，用来引导人生方向也是恰到好处，所以也被称为"人生三境界"。下面就来聊聊人生的第一重境界——孤独。

这是一个追求快节奏的社会，凡事都讲求效率。我们每天都穿梭在车水马龙的嘈杂中，接触形形色色的人。我们总是带着各种各样的目的去接触很多人，却很少有人能走进我们的内心，想要真正了解我们的人也寥寥无几，因此，我们常常感到孤独。孤独，成了现代人的通病。

我们害怕孤独，想要摆脱它，然后开始选择不同形式的摆脱孤独的方式——不同形式的纵欲狂欢。有的人选择自我催眠；有的人选择在灯红酒绿中放纵自我；有的人选择通过酗酒达到精神恍惚的状态；有的人甚至选择吸毒获得的快感来消除内心对孤独的恐惧。

或许，在头脑昏沉或是极度兴奋的一瞬间，让你忘记了世界，如影随形的寂寞感也不复存在了，但是清醒过后，你才发现，原来昨天的拼命放纵并没有使孤独离你而去，放纵过后的愧疚却加剧了你的孤独感。你知道要治愈孤独，这是治标不治本的途径，却不得不一而再，再而三地去重复那些放纵自己的行为。

抗拒，恐怕是我们面对一切不美好时都会做出的应激反应，这并不奇怪。就像面对孤独，我们会恐慌，会尽自己所能，恨不得将它推出去十万八千里，以便让日子看起来很精彩、很充实。

胜蓝是我大学时期的同班同学。大学时，她极具个性，是我朋友圈里少有的有主见的人之一。她内心强大，脸上总是洋溢着自信的微笑。她好像从来不在乎，也不惧怕外人对她的看法，总是独来独往，从不在时间上迁就谁。

大学毕业以后，很多以前的同学、朋友都忙于家庭、工作，因为种种原因减少了联系。一次和朋友聊天，我得知，胜蓝在北京一家外企工作，她想法独特，工作能力强，深受老板赏识，工作三年几次调薪，现在已经是收入不菲的高级白领。

和普通的"北漂"不一样，她没有选择蜗居在几人合住的出租房，而是选择了更有生活品质的酒店式公寓。她把自己的生活安排得很满，除了朝九晚五地上下班之外，她报名参加舞蹈班，因为学习舞蹈是她一直以来的梦想；她报名参加游泳速成班，她说游泳是人人必备的基本技能，关键时候可以自救，不必连累他人；她报名参加绘画班，她说绘画可以让她静下心来；她频繁出入各大高等院校，因为那里有很多免费讲座，这些免费的资源让她甘之如饴。

假期的时候，她也会出去旅行，和别人不同的是，她从来不发朋友圈，我们也只能在偶尔的聊天中得知她已经去过很多地方，并且总是可以从她那里得到某个景区的游览攻略。有人或许会说，她这样的人肯定很自私，只懂得爱自己。那就错了。她很孝顺，也很善良。有一次她无意中提起自己养的狗狗会等她回家后才出去拉粑粑。我们得知，这只狗狗不是什么名犬，甚至谈不上什么品种，只是她在垃圾桶旁捡来的一只流浪狗。捡到它的时候，它的脐带还在。她就像拉扯孩子长大一样照顾它，知道狗狗不能喝牛奶就给它喂山羊奶，一直到现在，狗狗已经跟随她四五年了。

她变得更加优秀，更加自信。然而唯一不变的是，她还是独来独往。当我们很多人都结婚生子时，她依然单身，并且把生活过成"单身贵族"的样子。也有好多人都催她找对象。面对这样的问题，开始的时候她总是说，希望另一半是可以和她共享美好生活的人，而不是给她美好生活带来负面状况的人。时间久了，面对这样那样的催婚，她只是笑而不答，眼神中流露出坚定。

生活中有不少智者，胜蓝就是其中之一。她不仅能够坦然接受孤独，还懂得品味孤独，享受并拥抱孤独。她懂得和孤独对话。作为馈赠，孤独赋予她不随波逐流的个性，赋予她优雅的举止、自信的笑容和有趣的灵魂。

孤独真的这么慷慨吗？答案是肯定的，但这需要我们面对孤独时，能够"独上高楼，望尽天涯路"。孤独时是提升自己的绝佳时机，一个人提升自我的途径，无非就是经历、阅读和思考。

有人说，我们每天都在经历各种人和事。你口中所谓的经历只能被称为走马观花，真正的经历是敢于直面人生惨淡的勇气，是遭遇创伤之后的成长，是感受人情冷暖之后的淡然，是逆境中开出的娇艳欲滴的花。

再说阅读，大学毕业的我们再也没有拿起过书本，任由它们在书架上蒙灰，更别提静下心来阅读了。其实阅读是最适合一个人独处时做的事，读书可以让你的思维徜徉在另一个美好的世界，更可以净化你的心灵，斩断无谓的思绪。久而久之，你会发现拥有了洞悉世事的能力，也不会再为一朝得失而斤斤计较。

最后说思考，为什么要独上高楼，才能望尽天涯路？独处时才能屏蔽一些繁杂；独处时能让我们静思己过，以便三省吾身，一省自身不足，二省应对之策，三省未来规划。独处时的思考能让我们更加清楚地认识自己。

人生总要历尽千帆，若想修得"众里寻他千百度。蓦然回首，那人却在，灯火阑珊处"的善果，首先要学会拥抱孤独，享得了"独上高楼"的冷清，忍得了"望尽天涯路"的孤寂，总有一天你会发现，独处的日子里，生活赋予了你他人望尘莫及的品质感。

先满足自己的高贵灵魂

生活中，我们经常见到很多外表"高贵"的人。如果是女人，她们每天化着精致的妆容，穿着价格不菲的定制时装，手上戴着若千克拉明晃晃的大钻戒，分分钟亮瞎路人的双眼，拎着国际知名大牌的包包，出入各种高级会所。如果是男人，他们西装革履，油头粉面，开着宝马，住着别墅，打个电话就谈成几千万的大生意，沟通时，十句话有九句都离不开钱。

不管是男人还是女人，他们都有一些共性，比如他们看起来似乎不食人间烟火，永远一副高高在上、拒人于千里之外的样子；他们胸无点墨，出口粗俗，让人唏嘘不已。这样的人也只能称得上富贵，恐怕很难和高贵沾边。

人的高贵在于灵魂，而不是物质。

我们每天穿梭于城市的大街小巷，环卫工人的身影随处可见，他们大多是六七十岁的老人，都很瘦。岁月毫不留情地在他们脸上留下一道道皱纹。更因为每天的劳动，他们双手粗糙，腿脚不怎么灵便。

老徐是一个普通得不能再普通的环卫工人，他负责的片区是我们小区附近一所小学及周边街道。人们认识他，是因为寒暑假的时候，他打扫卫生时总要带着年幼的孙子。孩子的父母都在大城市打工，孩子只能留给他照顾。

酷暑难耐的时候，打扫完街道，爷孙俩坐在树荫下乘凉。老徐用微薄的收入给孙子买一根清凉解暑的雪糕，看着孙子吃得香甜，他的脸上挂着满足的笑容。孩子让他吃一口，他忙摆手说，爷爷年纪大了，吃不了那么凉的东西。寒冬腊月里，懂事乖巧的孙子会帮爷爷推车、扫街，这样活动活动筋骨，不会太冷。

然而，真正让人们对老徐肃然起敬是因为一件偶然发生的事。那是一天傍晚，孩子像往常一样放学回家，学校门口车来车往，拥堵不堪。几个男孩奔跑着、打闹着，其中一个一边跑一边看后面，根本没有注意到危险已经降临。一个骑电瓶车的人在给汽车让路，男孩眼看就要撞到电瓶车上，老徐急忙挡在了男孩的身前，他自己却被电瓶车撞倒，万幸的是没有造成大的伤害。年近七十岁的他，被众人扶起来，只说："我孙子也这么大，他要是受点伤，我都心疼得不得了。"

老徐并不富有，甚至可以算得上贫寒，但是他却拥有像钻石一样闪闪发光的高贵灵魂。他的眼神中流露出质朴，在平凡的岗位上实现着自己的价值，年近七十岁，仍然为儿女贡献着余光余热。他或许不懂什么"幼吾幼以及人之幼"的大道理，但用自己的实际行动诠释着什么是高贵的灵魂。

以前读周国平的《灵魂只能独行》，里面有一段话让我印象深刻："我们在黑暗中并肩而行，走在各自的朝圣路上，无法知道是否在走向同一个圣地，因为我们无法向别人甚至向自己说清心中的圣地究竟是怎样的。然而，同样的朝圣热情使我们相信，也许存在着同一个圣地。作为有灵魂的存在物，人的伟大和悲壮尽在于此了。"
我的理解是，冥冥之中，我们相信有一个地方可以涤荡灵魂，使它
变得如出淤泥而不染般高贵，但这是一次艰难的朝圣之旅，因为灵
魂只能独行。

或许你不明白，为什么饱尝人间苦难的贝多芬，在行将就木之年
却创作出举世瞩目的《欢乐颂》。或许你总是感慨，为什么"为赋
新词强说愁"的总是不识愁滋味的少年。那是因为，前者完成灵魂
的朝圣之旅，而后者尚未开始。

拥有高贵灵魂的人，一定有非常富足的精神生活。他们享受孤独，
因为这是灵魂通往高贵的必经之路；他们心怀梦想，圆梦的路上或
许荆棘丛生，或许形单影只，但他们从未轻言放弃。

人到中年，和朋友聊天时无意谈起以前喜欢画画的经历，那时
候我还年轻，每次有大型的中外名画展，不管是在哪个城市，都阻
拦不了想要去观展的冲动。收入不高的我，只凭着一腔热忱，勒紧
裤腰带才能凑够来回路费。可是每次的画展都能让我流连忘返。我
看到很多和我一样的绘画爱好者，他们驻足于每一幅画前，眼神中
流露出无限向往的神情。我想，我的表情和他们是一样的。

是啊，我们都曾年轻，也都有过对梦想的纯真追求。然而，随
着年龄的增长，我们变得越来越现实，为生存疲于奔命，被物质利

益所引诱。曾经纯真的内心世界渐渐被我们忽视。我们的精神世界越来越空虚，我们的灵魂也日渐萎靡，它就快夭折在朝圣的路上了。因为它耐不住寂寞，经受不住诱惑。

我们或许不能选择出身高贵与否，但是否拥有高贵的灵魂却由我们自己说了算。尼采说："高贵的灵魂，就是对自己怀有敬畏之心。"没错，灵魂的独行其实就是我们人生的修行，我们不仅要对物欲横流的生活保持敬畏之心，更要敬畏自己的坚持和梦想，不要沦为物质的傀儡。

敬畏之心，可以让我们的灵魂在独行路上不偏离既定轨道。除此之外，自我精神世界的富足也是非常重要的，它就像是灵魂旅途中的原料补给站，可以是一本有趣的书籍，可以是一次有意义的旅行，也可以是一次助人为乐的善举。精神世界的富足，可以为我们的灵魂注入鲜活的养分，使其生机勃勃。

简单的生活在于学会把握清欢

今年过年回家，我见到了几年未见的发小新汶，她也是我的邻居。我们在老家一起上了小学、中学，后来我去县城重点高中读书。她分数不够，只能去镇上的普通高中。后来我上了大学，只知道她没上完高中就出去打工。常年在外读书，我也只能在寒假的时候见到她，最近几年却连过年都见不着面。儿时的情意总是那么珍贵，所以这次能见到她，我很是兴奋。

我们相约要好好叙叙旧，可是进门的一瞬间，我的兴奋很快被惊讶替代了。我看到偌大的炕上躺着一个小小的婴儿，看起来也就是刚满月大小。对于我的表情，她似乎一点也不意外。

原来，她高中毕业后去了某省会城市打工，没有学历，找工作谈何容易，但好在她长相清秀，不怕吃苦，于是应聘去做某酒店的服务生，负责客房打扫一类的工作。虽然很累，但是酒店管食宿，这对于身在异乡的她来讲是再好不过的待遇了。

和她同住的女孩们，已经出来工作很久，她们在上班时要求穿工作服。下班了，这些女孩就开始争奇斗艳，她们穿着漂亮的裙子，浓妆艳抹，相约一起出去"嗨"，总是很晚才回宿舍，而且每次回宿舍都是一身酒气且神志不清。新汶不知道她们去了哪里，但那个地方引起了她的好奇心。

很快，新汶被她们同化了。她来自农村，没见过什么世面，但是女孩都爱美。那些女孩姿色并不出众，可她们都有男朋友，每天都在攀比，比如男朋友给自己买的礼物。她们生活所用大多也来自自己口中的男朋友。用新汶的话说，就是虚荣心作祟，所以她才会和她们一起"堕落"。她开始和她们一起出入夜店，喝酒喝到在大街上呕吐，开始穿紧身的超短裙。相貌清秀的她在这种鱼龙混杂的场所显得那么格格不入，又那么引人注目。

新汶有了男朋友。他对她很好，经常送她礼物，百般讨好她。她说他们经历了很多她不曾经历过的美好，她觉得他就是自己托付终身的人选。可是以身相许后，她才得知，原来他有老婆，跟她只是逢场作戏罢了。心灰意冷的新汶选择离开他，却发现自己怀孕了。新汶下定决心告诉他，他不想负责，甚至怀疑孩子不是自己的。

于是就有了眼前这一幕，新汶觉得孩子是无辜的，选择把孩子生下来。经历这些事以后，她显得成熟了不少。我相信她不是没有泪水，只是悔恨的泪水已经流尽而已。

经济迅速发展，给我们的生活带来翻天覆地的变化，同时也使我们面临着更多的压力和诱惑。新汶初来乍到，没有足够坚定的意志，被虚荣心蒙蔽了双眼，很快迷失了自己。

现实生活中，很多大学毕业生都向往大城市的繁华，或许他们也曾无数次在脑海里幻想着自己置身于夜晚的城市，那里灯火通明、车水马龙，路边闪烁的霓虹灯好像暗夜里的繁星。想象中的一切都是那么美好。

后来我们得偿所愿，来到心心念念的大城市，这里真的很美，于是有些人拥有了一段共同的岁月。一天的繁忙过后，他们急需新鲜的氧气来让自己满血复活，于是他们频繁出入酒吧等娱乐场所。五颜六色的灯光旋转交错后，打在那些陌生人的脸上，生活、工作的重压让他们需要释放自己，男男女女，觥筹交错，欣赏着聚光灯下谈不上高雅的表演。一杯又一杯各种颜色的酒水灌下去，再吐出来，循环往复。这段岁月里，这群人在自以为是中过着放荡不羁的生活。

然而，这样的日子终究不能任性到底，总有一天你会发觉，你自己躲进了一个外表虚华的壳子，一旦走出来，就会被直击心灵深处的空虚所侵袭。你每天都很忙碌，看似过着多姿多彩的生活，却回忆不起那些斑斓的色彩。你苦思冥想，绞尽脑汁，过往生活仍是模糊一片，渐渐地，就连那些模糊的色彩也像沙漏中的流沙一样缓缓流逝了。

或许是城市的钢筋水泥让我们感到冰冷，或许是城市车水马龙的喧嚣让我们淡忘了鸟语虫鸣的美好，或许是巨大的工作压力、复杂的人际关系让我们感到无所适从，所以我们在灯红酒绿中放纵，最终迷失了自己。但值得庆幸的是，我们被尘世蒙蔽的心尚未形同槁木，它依然期待着人间的清欢。

"人间有味是清欢"，清欢在一定意义上呈现我们的生活姿态，把握清欢，我们可以更加珍视自己的内心。享受清欢是一种人生境界，也是生命最美好的体验。

你问我清欢来自哪里？请倾听你的内心，因为它是我们心底发出的对平淡、质朴生活的向往。

你问我如何才能把握清欢？简单来说，就是我们在复杂的社会中学做简单的人，淡泊名利。清欢与任何名利、金钱都扯不上关系，我们需要回归本心。这个时代需要断舍离的东西太多，我们也应该勇敢卸下心灵的重负，独享一份"宠辱不惊，闲看庭前花开花落；去留无意，漫随天外云卷云舒"的惬意。

我想起，小时候，脱下厚重的棉袄棉裤，奔走在长满野菜的田野里，一上午的忙碌换来一顿美味可口的野菜馅饺子，吃得那么满足，笑得那么开怀，感慨这是世界上最好吃的饺子了。那时候，我们不知道这世上还有美味的虾仁可以做饺子馅，也不知道不用付出汗水就可以吃到现成的饺子，可就是那时候，我们才生活得如此简单而美好。

放慢脚步才能发现别样风景

不知不觉，"速度""效率"成为这个社会里人们不约而同去追求的东西。手机、电脑等电子产品更新换代速度之快让人来不及反应。工作出差，我们默认选择飞机、高铁，上午还在部门例会上讲话，下午已经在千里之外对接新的项目。不知不觉中，我们仿佛被无形的鞭子驱赶着，连喘口气的机会都稍纵即逝。

我们一直处于高速运转的状态，忙着打拼事业，忙着追逐爱情，就连家里小区附近新起的高层都每天一个样，眼看要封顶了。我们只能马不停蹄，因为我们恐惧这个社会的快，甚至觉得哪怕慢半拍，都有被社会抛弃的可能。我们都被下了"快"的魔咒，就像电影播放时被设置以若干倍速放映，你已经看不出它本来的面貌。

"叮……"小妹在微信上发给我一张图片，打开一看，是医院的挂号单。我记不清楚这已经是她第几次去医院检查身体了。我认真看了图片反馈的信息：都是抽血的项目，包括类风湿因子、免疫五项、抗核抗体谱检测。因为不明白为什么要检查这三项，我还特意看了挂号科室，不看还好，一看更是一头雾水了，申请科室后面写着：风湿免疫、变态反应科。

小妹是90后，不说身强力壮，起码也是青春年少吧。不说活力十足，但也不至于得风湿病吧，那不都是四五十岁的人才有的顽疾吗？我带着满腹的疑问接通了小妹的视频，一番询问下来，也算知道了个大概，原来这次是因为失眠。那为什么要查类风湿因子呢？她也说不出所以然，只能听医生的安排，一周之后取结果。

依稀记得不久前，她刚刚去过医院，因为她总说身上没劲，还感觉冷，有时候头昏昏沉沉的。她总怀疑自己得了什么不治之症，就去医院做了检查，结果诊断上赫然写着"甲减"。医生问了她的生活习惯、工作压力等情况，得出结论：工作压力比较大，导致生活不规律，从而引发内分泌紊乱，也可能有遗传的因素等。后来去复查，又说兼有甲亢和甲减的症状，只开了一些维生素之类的药物。

小妹一个人生活在北京，在一家国企做出纳，工资和各方面待遇都不错。开始去的时候，她很开心，每天不用加班，还可以双休，相对来讲生活还算惬意。可是好景不长，后来换了部门领导，又加上审计入驻查账，忙坏了她，晚上十二点到家是常有的，吃饭都是随便扒拉两口。有时候因为工作需要，还要出差，坐飞机到银川、上海、成都，都是晚上飞、白天到，晚上休息不好，白天还要顾及工作，真的是连喘口气的机会都没有。

我们都觉得小妹的身体已经处于极度亚健康状态，工厂里的机器都难免有因为连续作业以致零件出现问题而罢工的时候，更何况是人呢？连续的高压会使我们的大脑皮层长期处于一种亢奋的状态，继而影响大脑的调节功能。长时间得不到有效的休息会使我们的身体机能处于紊乱的状态。她频繁出入医院的原因，也就一目了然了。

事实证明，长期使自己处于高压、快节奏的生活状态，受到直接损害的就是我们的身心健康，我们会失眠，甚至感到莫名的恐惧。没有了健康的身体，谈什么都是奢侈。或许从这一刻开始，我们应该慢下来，学会享受生活。

印第安有句谚语，大概意思是说："请停一停，等待灵魂的脚步。走得太快的人反而容易弄丢自己的心。"其实，我们的生活中也不乏富有智慧的人，他们徐徐前行，时时不忘等待灵魂与步伐的合一。

有人说人生就像泡茶，功夫茶是一种极为讲究的泡茶技法，不仅对茶具讲究多，对泡茶人自身的"功夫"更是一种考验。不同品种的茶叶需要的水温不同，否则就会破坏茶叶本身的营养素。拿绿茶来讲，它本身含有对人体有益的单宁酸，所以冲泡绿茶的水温不能超过 75℃，否则不仅会使茶味变得苦涩，还会破坏其本身富含的维生素。

相比对水温、时间的掌控，一壶好茶一定是经过很多繁杂的工艺。采摘、晾晒、烘焙，单说沏茶环节就颇为烦琐。如功夫茶，双方落座，烫壶、洗茶，头一泡主要是清洗茶叶上的杂质，只有到了第二、三泡的时候，茶叶经过高温的洗礼，叶片由浮到沉、由卷到舒，此时茶香四溢。呷一口，唇齿留香，吞吐间，气若幽兰。

品茶讲究先闻其香，喝茶时更忌讳似牛饮池水般大口吞下，而是要小口啜饮，含在口中，充分感受茶香萦绕后再饮下。

饮茶时要慢慢品味，才能真正感悟到茶的韵味所在。人生亦然。我们常常步履匆匆，忽视了身边的美景。我们每天都在忙碌，紧张生活，往往夜深人静，仍难以入眠。生活的压力和心灵的空虚向我们袭来。或许这个时候，我们可以换一种思路，平复自己的内心，暂时忘记那些局促不安，放慢脚步。就像海子说的："从明天起，做一个幸福的人。喂马、劈柴，周游世界。"

慢下来，不用再去担心人走茶凉，因为你已经具备自我温存的能力。

慢下来，可以充分感受这世界的美好，不用再去羡慕古人"采菊东篱下，悠然见南山"，不用再疾言厉色地催促孩子穿衣、吃饭、上学。心境不同了，你会觉得"最喜小儿亡赖，溪头卧剥莲蓬"未尝不是共享天伦的一种方式。

慢下来，不是让你停滞不前，而是让你更加专注于每一个当下。快生活很多时候让我们痛恨自己分身乏术，往往焦头烂额，还效率不高。这时候，你会发现全神贯注是一件多么美好的事，它不仅会让事情有条不紊地进行，还会让效率提高很多。

独处时更要给自己倒杯红酒

说起一个人的日子，我们脑海中总会不自觉地浮现出"孤独、寂寞、冷"等字眼，仿佛一个人的日子就应该是这样。可是有时候，一群人的狂欢，也并不能把你从孤独寂寞的情绪中解救出来。

叶子　是不会飞翔的翅膀

翅膀　是落在天上的叶子

天堂　原来应该不是妄想

只是我早已经遗忘

当初怎么开始飞翔

孤单　是一个人的狂欢

狂欢　是一群人的孤单

爱情　原来的开始是陪伴

但我也渐渐地遗忘

当时是怎样有人陪伴

我一个人吃饭　旅行 到处走走停停

也一个人看书　写信　自己对话谈心

只是心又飘到了哪里

就连自己看也看不清

……

——阿桑《叶子》

阿桑是一个很特别的台湾女歌手，"阿桑"是她的艺名，因声音特有的沙哑、沧桑而得名。2003 年演唱《叶子》的时候，阿桑不过二十多岁。我们时常会疑惑，青春年少的她为何能把歌曲中的寂寞、沧桑诠释得如此到位。也是从那时起，这个有故事的声音征服了所有人的耳朵，让我们急切地想要了解她的一切。

年少时的阿桑，从父母争吵不休到离异，后来她被迫寄人篱下，借住在姨妈家里。为了减轻姨妈的负担，她打过很多份工。考入艺工队后，她也算练就了十八般武艺。然而，不仅娱乐圈，歌坛对歌手的相貌、身材也有着异常严苛的要求，尤其是对女歌手。在这方面，阿桑显然没有什么优势，她身高不高，相貌平平。我想这也是她28岁之前一直默默无闻的主要原因之一。

2005年，阿桑演唱的《一直很安静》又为她迎来了演唱生涯中的一次欢呼。有人说："阿桑之前，寂寞只是寂寞。阿桑之后，寂寞即是阿桑。"她用每一首歌诠释自己，那么安静，那么坚强。

2007年，她被查出患上淋巴癌，让喜欢她的歌迷们唏嘘不已，为她抱怨上天不公。经受了两年的折磨，上天丝毫没有怜悯这个从小在泥沼中挣扎的姑娘，她的病情持续恶化，终于在2009年香消玉殒，永远离开了我们。

就像人们常说的，你永远不知道明天和意外哪个会先来。阿桑留给我们的是品不尽的孤单和寂寞，就像她歌里唱的那样，"孤单是一个人的狂欢，狂欢是一群人的孤单"。她的歌声之所以那么深入人心，在一定程度上讲，是因为她唱的就是她自己，只有一个人的时候才能让她感受到无限自由带来的狂欢。

　　有一种人特别害怕独处，因为独处总是让他们感到莫名的孤寂、清冷。平时灯火通明的城市一下子被黑夜包围了，很多不知来由的负面情绪也一下子席卷而来。凡此种种，都让他们感到不安和恐惧，于是心底开始急切期待某个人的出现。那个人，偏偏不解风情，姗姗来迟。就这样，你陷入了一个旋涡，在对孤独的恐惧和对某人的期待中持续挣扎。难道独处带给我们的除了孤独，就别无他物吗？

　　另外一种人用行动给了我们答案。他们享受独处的每一分钟，独处能给他们想要的轻松畅快和弥足珍贵的自由。他们厌倦所谓的狂欢，在他们看来只是嘈杂，要时刻保持优雅，更要任由无限的条条框框来约束自己。所以，独处的这份自在，让他们感到恰到好处的自由。

　　独处的时候，他们可以暂时脱离自己需要扮演的角色，可以做回真正的自己，不用再因利益关系对百般刁难的甲方表现得谦恭有礼；不用再因上下级关系对疾言厉色的领导时刻感到小心翼翼。

　　他们换上宽松舒适的衣服，相比合成纤维，棉质的衣物总能让人感受到一份自在，就像是沐浴在阳光下一样惬意。他们放弃只可以果腹的外卖，自己挑选新鲜食材，精心烹饪一顿愉悦心灵的晚餐。或许是他们第一次尝试煮这道菜，或许这着实让他们手忙脚乱了一阵子，但是很享受这个过程。"美味"上桌，它看起来并不像网上图片那样让人垂涎三尺，或许还可以多放一点盐，但他们吃得很享受，还不忘给自己倒一杯红酒。

　　独处会带给我们不同程度的孤单，但是积极乐观的人会把这种孤单幻化成一种心灵的自由。叔本华说过："只有当一个人独处的时候，他才可以完全成为自己。谁要是不爱独处，那他也就是不热爱自由，因为只有当一个人独处的时候，他才是自由的。"

　　除了自由，独处也是我们丰富自己的最佳时机。如果你经常读武侠小说，或者总是追武侠剧，那么你对"闭关修炼"这个词，一定不会感到陌生。通常闭关修炼的都是绝世高手，张三丰多次长时间闭关，最终练成以不变应万变的武林绝学——太极拳。那是因为闭关期间，暂时远离江湖纷争，他可以做到心无旁骛，不被外界所干扰。我们亦可以把独处当作短时间的闭关，这样可以让我们更加清醒地认识自己，分析现状，弥补不足，以备万全。

　　独处的我们，放慢生活的脚步，更容易遇到人生的惊喜。它或许是更加优秀的人，或许是生活中细微美好的事，或是一段唯美浪漫的爱情。

　　原来，除了孤单，独处还可以带给我们这么多美好，但这一切的前提是，你要学会享受独处的时光，不要消磨了上天慷慨的馈赠。记得独处的时候，更要给自己倒一杯红酒，细细品味。

孤独时往往能更好地调节自己

我很小的时候听过这样一个故事，有一个人很喜欢看天上闪烁的星星，喜欢到了痴迷的地步，所以每当华灯初上、皓月当空时，你都能看到他遥望灿烂星河的身影，就这样仰望着。他走路的姿势永远是身体前倾，脖子尽可能地伸长，好像再伸长哪怕一厘米就能够得到那点点的繁星了。

十年如一日，他从来没有看过脚下的路，仿佛他已经很难低下那仰望已久的头。直到有一天，他仰望星星时，一脚踩空，失足跌进附近施工队挖的泥坑里。好在泥坑松软，没有对他造成大的伤害，但是他成为泥人的落魄故事却在小镇上不胫而走。

故事简单，蕴含的道理却很深刻。故事的主人公像极了年少时追梦的我们。他仰望的星空，就像我们追寻的梦想，一样那么美好、那么遥不可及。但我们和他一样，哪怕荆棘遍布，也从未想过放弃，纵使翻山越岭、跋山涉水，也毅然披荆斩棘、马不停蹄地奔跑在追梦的路上。曾经"不破楼兰终不还"的誓言依然回荡在耳边，我们急切地想与未来撞个满怀。

电视剧《士兵突击》里的成才相比木讷的许三多就显得精明太多了。他从一开始就知道自己为什么要当兵。到了部队以后，他更加清楚知道自己以后要成为什么样的兵。他要出人头地，走到哪里都是尖子，甚至为了所谓的前途，做了七连史上第一个跳槽的兵。也因为这次对七连的背叛，他升了士官。然而命运捉弄，他去了草原五班，那是传说中"所有班长的坟墓，所有孬兵的天堂"。他很迷茫，甚至开始自暴自弃。

部队面临整编，A大队来地方部队选拔人才。也许是机缘巧合，或许是因为出色的射击成绩，成才也在参选名单范围内。他一如既往地表现优秀，在A大队入选人员考核中，成绩一直遥遥领先。然而在最后的实战考核中，他却表现出了怯懦，自动放弃，选择退出考核。此时的他并不知道，他选择退出考核的这一刻开始，就已经注定他终将退出A大队的结局。

成才是优秀的，这一点看成绩就能说明。那他为什么会被淘汰？原因很简单，他心里从来只有自己，只有自己的目标。他军龄三年，在七连待了两年多，七连赖以生存、引以为傲的信念"不抛弃，不放弃"，他却从未记得，更不曾懂得。

他临走时说："许三多，你是一棵树，有枝子，有叶子。我是根电线杆，枝枝蔓蔓都被自己砍光了。从咱俩离开家乡，登上那列军列，那一天开始，我就把自己砍光了。我要回去，回去找自己的枝枝蔓蔓了。"

正是因为这次回头，他在草原五班找到了真正的自己。五班本就是各野战军的原油补给基地，因为地处荒凉，从未被充分利用。

成才回来后，却把那里打造成了野战军绕道都要来的原油补给站。五班没有狙击枪，而神枪手成才在五班甚至连一颗实弹都没有。尽管这样，他的射击成绩依然让人望其项背。曾经的七连长更是摒弃前嫌，将成才又一次推荐到 A 大队。几经周折，他最终得到认可。

从五班到 A 大队，从 A 大队到五班，成才真正明白作为一个军人的意义——不抛弃，不放弃。也只有明白了这六个字，他才能在军旅生涯走得更远。所以，有时候回头并不是一件坏事，它能让我们在沉淀中更加清楚自己想要的是什么，也只有明白了这一点，才能更加坚定未来的道路。

自命不凡的我们背井离乡，总想闯出一片自己的天地。因为背负了太多，我们不得不辜负年迈的老母亲。她为我们赔上了原可以安逸度过晚年生活。每一次风雨兼程的路上，我们脑海中都会闪现她沧桑的面容，还有对自己近似苛求的期待。我们不能辜负自己，有太多双眼睛在看着我们，好像每一次犹豫都会成为对方眼中的瞻前顾后。我们只能在跌跌撞撞中一往无前。很多次，我们都告诉自己目标就在眼前了。同样很多次，我们依然在路上摸爬滚打。

为什么目标这么遥不可及？为什么想要做成点事就这么难？你一遍又一遍地问自己，你依然只想未来，却从没权衡过得失，所以你的忙也只是瞎忙。或许，有时候我们应该告诉自己，别只顾着往前走，也应该适当回头看看。

做人应学许三多，让自己看起来像一棵树。过往的一切，无论成功还是失败，都是很好的养料，如果你可以从每一次得失中获取它，你终将成长为枝繁叶茂的大树。如果只是一味向前，盲目莽撞，哪怕头破血流，也只是一个光秃秃的电线杆，因为你从没离开过起点，所谓的出人头地就更遥遥无期了。

在风雨兼程的路上，不妨随时问问自己：我来自哪里，我要去往何处，路上有什么心得体会。

我来自哪里？现实生活纷繁嘈杂，我们总要面临诸多诱惑，或来自金钱，或来自地位。我们常常迷失本心，偏离既定轨道，这一问可以让我们不忘初心。哪怕被生活虐得体无完肤，我们也要坚持做最真实的自己。

我要去往何处？生活的岔路口太多了，有人说条条大路通罗马，你想达到的目标是不是有捷径可以到达？这一问可以让我们目标明确，杜绝一切投机取巧，才不会迷失了前进的方向。

路上有什么心得体会？身边总有人抱怨："什么5A级景区啊，没什么看头。"能说出这样的话，我知道，这趟你白来了，因为你只是来凑热闹的。你不过是茫茫人海中最不起眼的一个，随波逐流，人群到哪你就在哪，根本无暇顾及美景。这一问可以让你不时停下奔走的脚步，在孤独中分析得失，在清醒时权衡利弊，调整好自己再出发。

生活最好的风景就是内心的平静

感觉快乐就忙东忙西

感觉累了就放空自己

别人说的话随便听一听

自己做决定

不想拥有太多情绪

一杯红酒配电影

在周末晚上关上了手机

舒服窝在沙发里

……

——黄小琥《没那么简单》

在生活节奏飞快的今天，像蚂蚁一样忙忙碌碌的我们究竟是为了什么？他人的建议，是不是让你感觉之前痛下的决心又付诸东流了？我们一直想要追求的理想中的幸福生活范本，是不是来源与对身边人的攀比？什么时候才可以不用宿醉和喧闹来排遣这些消极情绪？

很多人都说，现在的生活就像高速运转的传送带，我们就像是传送带上的产品，根本由不得自己慢下来，更不要说停下来了，否则就会成为被淘汰的残次品。

但我想说："不过是快慢由心罢了！"你想要快，是因为想要追赶"理想"，这没有错，但追逐的过程注定不会一帆风顺，难免会有"踩踏倾轧"之时。所以与其任问题积压，困顿在人生迷雾中找不到方向，不如及时"三省吾身"。

还有人说，人的时间原本应该被分为三等份，一份是与自然相处，一份与人相处，最后一份是与自己的内心相处。对此，我颇为赞同。但是现实生活中的我们恰恰是把所有的时间都花在了与人相处上，我们没有时间去感知大自然的盎然生机，没有亲手采摘硕果，所以秋天和春、夏、冬也没有什么不同；我们更没有时间与内心对话，也不知道自己内心的真正需求是什么，这就是无论我们怎么忙碌都始终感受不到幸福的原因所在。

杨绛曾说："我们都希望自己的人生有波澜，可到了最后才发现，生活最好的风景，是内心的宁静。"我们都在浮躁地做着不知所谓的事，然后浮躁地掉入生活的陷阱。

从此刻起，做一个可以坚守自己内心的人，少一些不切实际的羡慕和期盼，屏蔽身边浮躁的气息。在周末的晚上，关掉手机，推掉所有酒局饭局，抛开烧脑的工作计划，舒舒服服地窝在沙发里，安静享受一份松弛，任由惬意的感觉肆意释放，从心中蔓延全身。不妨趁着这个机会，明确自己内心的真正需求，做一个拥有完整内心的人。

当你一个人以最舒服的姿势窝在沙发的时候，可以给自己倒上一杯红酒，看上一场电影；也可以给自己沏上一杯好茶，手捧一本好书，一切都自在随心。

在这里，不妨给大家推荐几部值得一看的电影。

《诺丁山》

这是一部由罗杰·米歇尔执导的爱情电影。影片中的女主角是一个生活在聚光灯下的"好莱坞大明星"，而男主角却是一个微不足道的小人物，他经营着一家生意惨淡的书店，又恰逢婚姻破裂。然而看似"风马牛不相及"的两人却因为一次偶然的机会擦出了爱情的火花，并最终跨越了阶级、舆论与地域的障碍修成正果。

诚如电影的对白一样，"这世上确实有人一起相爱携手度过了一生"，影片鼓舞着我们每一个为生活所迫的人，不要放弃对生活和爱的勇气，要永远怀有对美好爱情的憧憬。

推荐指数：★★★★☆

《遇见你之前》

这同样是一部浪漫的爱情电影。该影片风格鲜明，导演为西娅·夏罗克。讲述了一个高位瘫痪的富二代和一个"村姑"保姆之间逐渐擦出爱情火花的故事，但这部影片最后却不是大家都喜闻乐见的"完美"结局：为了不拖累女主角，男主角最终选择以安乐死的方式结束了自己的生命。

关于影片的结局，可以说是"仁者见仁，智者见智"，有人认为不管贫穷还是疾病，陪伴就是最长情的告白。但也有人认为，不拖累你爱的人，就是给她最好的幸福。

推荐指数：★★★☆☆

《听见天堂》

该影片根据意大利盲人音效师米可·曼卡西的真实故事改编而成。男主角米克是一个生活在穷乡僻壤的普通男孩，但他有着并不普通的梦想，从小便想成为一名电影大师，一次意外却使他永远失去了光明。

上帝为你关上一扇门，也一定会为你打开一扇窗。影片讲述了这个被黑暗吞噬的男孩是如何一步步用耳朵发现天堂的。

推荐指数：★★★★☆

《生活多美好》

该影片被誉为"永不过期"的心灵鸡汤。男主角在对生活彻底失望之后，打算在圣诞夜结束自己的生命，最终在天使的指引下，发现了生命的意义。

该影片讲述黑暗，却也给人在黑暗中寻求光明和希望的勇气，让我们永远怀有对生活的美好憧憬。

推荐指数：★★★★☆

为灵魂的旅行创造独处时刻

随着年龄的增长，你会发现，想要有一点自己的时间真的太难了。婉婉是我大学时期的朋友，虽不在同一个班级，但我们私交一直不错，大学毕业之后也是如此。

其实她一直都是我羡慕的那种女孩，长相虽不是大街上最漂亮的那一个，但气质很好，温婉而又知性，就像她的名字。更让人羡慕的是，大四那年很多情侣分道扬镳，她和男友却修成了正果。结婚生子理所当然，她一直是走在我前面的人。我似乎一直在见证着她的幸福：夫妻恩爱，孩子健康快乐地成长。

但不久前，她忽然跟我说："我好想能拥有一点自己的时间啊！没有任何人打扰，就自己一个人。"

我感到事有"蹊跷"，不免多问了几句。原来，自上班以后，公婆就开始帮他们带孩子，不大的家里，根本没有什么私人空间可言。下班之后，她拖着疲惫的身体回到家，要帮助孩子完成手工作业，自己洗漱，帮孩子洗漱，就连之前睡前安静看书的时间也被孩子霸占了，成了雷打不动的睡前讲故事时间。公婆还一再催促他们"要二胎"。她说："真的太累了，我连一张属于自己的沙发都没有了。"

听了她的一番话，我不由得感叹："原来真的有人会怀念孤独。"

或许婉婉只是一个典型的代表，随着工作、结婚、生子，我们就会发现，原来简单的人际关系变得越来越复杂，我们需要扮演的角色也越来越多。我们需要做好一个员工、一个好老婆、一个好儿媳、一个好妈妈……好像所有的时间都是围绕着别人，没有时间认真审视自己、提升自己。

我感受到她现在的状态有多么糟糕，同时不由得想起《大学》里的一句话："知止而后有定，定而后能静，静而后能安，安而后能虑，虑而后能得。"我半开玩笑地说："不如你去西藏吧，听说那里可以让人找回自己。"

没想到，后来她真的去了。回来之后，她好像被重新注满能量，很快进入各种角色。

我想，可能是她在伸手触及西藏蓝天的时候也触及了自己的内心；也可能是路上的一群群朝圣者让她明白了生命的意义；还可能是她还沉醉于大自然的鬼斧神工。事实上，是哪种原因可能都不重要，重要的是她放松了紧绷的神经，重新获得前行的动力。

还有一点我必须强调，或许此刻她想通了，但谁都不能保证一时想通，就"万事亨通"了，你解决了一个问题，后面可能还跟着一个难题，"刚躲开迎面一拳，后面紧跟一闷棍"。没错！这就是生活的常态。"灵魂的旅行"只是充当了缓冲的角色，而我们的生活恰恰需要"精神的缓冲"。

一场真正的灵魂旅行，当然可以是像婉婉那样，带着一份随意，将自己"放逐"到深山大川间。沿途见闻、他人的故事，都能给你带来全新的感受和自我认知。

"旅行是身体的阅读，阅读是灵魂的旅行。"就像电影《罗马假日》里的经典台词一样："身体和灵魂，总有一个要在路上。"一场真正的灵魂旅行，还可以是一本好书。

我并不认识大冰，但他在我朋友圈里出现的频率一度达到了刷屏的状态。我也是从朋友圈里接触到他的著作《乖，摸摸头》，于是迫不及待地想要买来拜读，没想到这一读就是废寝忘食。

我被那些看似平淡的故事深深地吸引着，尽力让自己以书中人物的视角去感受那些不同的人生经历。也不由得感慨，原来生活中那些美好的存在从不曾消失，我们只是不自觉地将自己禁锢在了"井底"，又心不甘、情不愿地过着井底之蛙式的生活。我们敢想，但不敢去做，永远无法挣脱内心的枷锁，但书中每一个真实的故事都在告诉我们，生活本可以不枯燥；我们想要的生活，正有人身体力行地享受着。

一本好书可以让我们通过作者或者书中人物的视角，去真正感知与众不同的人生，从而获得新知，开阔格局。书籍永远是我们领略世界的另一双眼睛。当你"没时间、没金钱"而无法完成身体的旅行时，不妨释放出另一个灵魂，到书中去品味另一个世界的美好。

前几天，我和女儿一起看了《人鱼童话》。电影中被妈妈抛弃的男孩本来是个"问题小孩"，他用乞讨的方式骗钱、偷东西，多次被警察追赶。

但一次偶然的机会，他看到了"威利"———一头被限制了自由的逆戟鲸。惊讶之余，他从驯养员口中得知，逆戟鲸不仅智商极高，而且拥有异常丰富的情感。它们是群居动物，很少离开父母。被圈养的逆戟鲸还会因为远离父母或者子女而承受巨大的精神伤害，甚至有可能患上抑郁症。

威利就是一头患上抑郁症的鲸鱼，他离开父母，被圈养在海洋馆里。每逢潮汐，它都接收到灯塔外面广阔大海里传来的父母思念的信号，也会因此发出极为悲伤的音调。

男孩有一把口琴，那声音同样传达着对妈妈的思念。或许那就是男孩和威利可以惺惺相惜的原因吧。

男孩失足跌入水中，是驯养员口中"不近人情"的威利救了他一命。后来他们成了默契的搭档，但黑心的海洋馆老板却因为一次表演的失利想要置威利于死地，以便获得高额保险费用。

男孩本来沉浸在自己的悲伤中，但告别的时候，威利再一次朝着大海的方向发出了悲伤的叫声。男孩攀上灯塔，却看到海边有一群逆戟鲸徘徊着……他终于明白，原来威利有着和他一样的悲伤。

最后，虽然几经周折，他还是将威利送回了大海，让它去寻找自己的妈妈。

一场好的电影总是那么振奋人心，或许可以唤醒我们对动物的保护欲，让我们领略生命的真谛，让我们看到爱情中真的有人可以无私到牺牲自己去成全他人。观赏一场好的电影，就是一次心灵之旅。

所以，被生活的乱麻紧紧包裹起来，快要无法呼吸的时候，不妨给自己创造一点独处的机会，来一场真正的心灵之旅。

第四章

只为取悦当下的自己

努力去实现可以成为可能的部分

"我想要有品位的生活。"

"我想要尝遍人间美食，尽情满足我的味蕾。"

"我想要变成传说中'腹有诗书气自华'的样子，举手投足间流露着大气。"

"我想要一段'浮生偷得半日闲'的时光，去除一切私心杂念，尽情享受生活该有的美好。"

"我想要一间属于自己的房子，也许它只有二三十平方米，但是它赶走了我一切关于流浪与归属的纠结。"

"我想要去浪漫的土耳其，想要去感受那传说中富有层次感的蓝，想要置身于青山白沙的魅力画卷中，想要滑翔在风平浪静的死海上空，尽情享受那份自由翱翔的欣喜。"

为了使生活变得更加美好、更具品质感，我们每个人都有自己想要的东西，或许是物质层面的，或许是精神层面的。它可以很小，小到只是一个喝咖啡专用的咖啡杯，也可以很大，大到我们要用一生的时间去实现它。

有人说，你想要得到从未得到过的东西，就要做从来没有做过

的事，因为想要和得到中间还有一件事——做到。遗憾的是，我们
当中的很多人，都只停留在"我想"，那些美好终究只是华丽的泡影。
毫无疑问，我们都很擅长做想象的巨人，因为那对我们来说简直就
不费吹灰之力，只要躺在温暖舒适的床上，闭上眼睛，然后畅想就
好了。

然而，想终归是想，只是一种思维活动。要想实现梦想，还需
要我们积极发挥自身的主观能动性，用思想去指导实践。实践的道
路上还需要我们不断认识矛盾、分析矛盾、解决矛盾，只有这样，
才能把想象转化成现实，把不可能变成可能。并且，我们应该坚信，
当遇到困难、踌躇不前的时候，也恰恰是有机会实现质的飞跃的时刻。

2019 年 2 月 14 日，随着综艺节目《中国诗词大会》第四季最后
一期的播出，陈更终于夺得桂冠。经常关注《中国诗词大会》这个
节目的人就会知道，这已经是陈更第四次站在《中国诗词大会》的
舞台上了。

这不由得让我们回想起，第一次在这个舞台上见到她，一身青
色素衣，未施粉黛的样子，和整个人的气质都显得那么相配。第一
次在《中国诗词大会》亮相，就让观众感受到她身上浓浓的书香气息。

更让我们惊讶的是，文学气息如此浓厚的陈更居然是北京大学
理工科的博士，她把生活的"主场"从实验室搬到了《中国诗词大会》

的舞台上。原来，陈更小时候就很喜欢读书，并且涉猎广泛。大学时候，她没有因为专业的限制而放弃对文学的喜爱。

如果说第一季《中国诗词大会》中陈更给我们留下了惊鸿一瞥，那么第二季《中国诗词大会》的舞台上，她的表现堪称不俗，虽然最终以 11 分之差败给 17 岁的武亦姝，无缘攻擂资格赛，但她没有气馁，直言明年还要来。

然而在第三季的《中国诗词大会》第九场比赛中，她在一道自己并不熟悉的题目中出错，就此止步比赛。我们在为她感到惋惜的同时，不得不感慨中国古典诗词的博大精深。即使你博览群书，也不能保证没有任何盲点。

其实通过前三季卓尔不群的表现，她已经是我心目中的冠军。但是争夺名次似乎并不是她参加《中国诗词大会》的初衷，她直言，自己并不是为了背诗而背诗，她更注重享受诗词之旅的过程。

于是她又登上了第四季《中国诗词大会》的舞台，她的桂冠来之不易，这一次顶着很多质疑声，"怎么又是你""就是为了夺冠""一再刷脸没有意义"等。鼓起莫大的勇气，这已经是她第十四次站上舞台。面对流言，或许她彷徨过，但最终还是证明了自己。

在学习诗词、享受诗词的道路上，陈更一如既往地坚持自己的初心。或许每天实验室里的课业已经填满她的生活，而前几期的节目结束之后，她还遭到网络上流言蜚语的中伤。可即使是这样，她也从未间断去学习诗词，如此厚重的知识积累绝对不是一日之功。我相信未来的道路仍然不会平坦，但她不会止步不前，因为她是一个敢想敢做、敢于把不可能变成可能的人。也正是因为这样，才有了今天自信、沉稳、应对机智的陈更。

你嘴里的痴人说梦，在别人那里成为现实，怎么可能？怎么不可能！你在纠结明天要不要开发新客户的时候，别人已经在分析客户资料、考察客户资质了；你每天都在念叨减肥，纠结明天是不是要去健身的时候，别人已经跑了几公里路。你和别人的不同就是，你每天都用脑子空想，别人却在实践。

不知不觉中，你发现已经被落下了很远的距离，他们把工作、生活、爱情安排得井井有条，职场得意，爱情甜美，脸上总是洋溢着自信的笑容；他们时不时出国旅游，异国风光的美好勾起你的无限羡慕，想要努力却不知道该从何开始。原来别人的成就，已经是你奋起直追都望尘莫及的高度了。

不要等到追悔莫及的时候再说当初，活在当下，把每一天都当成生命中的最后一天，也没有什么不可能。如果真有，那就尽最大努力去实现可以成为可能的部分。努力过后，你会发现，原来你和"不可能"已经很接近。

给生活一个恰到好处的精神支点

阿基米德说："给我一个支点，我能撬起整个地球。"我们都知道那是不可能实现的，但他为什么要这么说呢？一个支点真的可以这么厉害吗？

故事是这样。赫农王为埃及国王建造了一艘体积异常庞大的船。因为体积大，并且非常重，船搁浅在海滩上很久都没人能想到将其顺利移到海里的办法。最终，利用阿基米德的杠杆与滑轮原理，赫农王只稍作努力，这个难题就被轻而易举地解决了。

不难看出，支点真的很重要。不仅在解决物理问题时，在现实生活中，我们也需要这样一个支点。这个支点或许是一个恰到好处的位置，让我们可以施展抱负；或许是一个精神层面的有力支撑，让我们可以找到前进的动力与方向。不论它是什么，我们真的需要它。

我听过一个这样的故事，故事的主人公是一个女孩，她因为高考失利而无缘大学校门。那个年代的高等教育还不像如今这么普及。就这样，在家里的安排下，她到镇上一所中学去当数学老师。可是好景不长，在一次集体课程汇报会上，她因为讲错一道几何应用题，当即被校长解雇了。

这次失业对她的打击很大，她甚至开始怀疑自己的能力，为什么高中毕业的她会连初中的问题都解答不出来。在家人的安慰和鼓励下，她决定和同村的伙伴一起到城市打工。

她们一起来到南方，这里遍地工厂。她们找到一家做衣服的工厂，工具是旧式的缝纫机，需要手脚眼并用的那种。她从未接触这个"武器"，更谈不上擅长，做得慢。别人一天做六七件，她只能做个一两件，质量也不过关。车间主任毫不留情地让她卷铺盖走人了。

再次失业之后，她垂头丧气地回到家乡。家人一再鼓励她，希望她能重拾信心，找到适合自己的工作。于是她再次回到南方某城市。她做过饭店服务员，也做过不同类型工厂的车间工人，生产过食品、化工产品、箱包等，也在一些公司做过文秘、接待一类的工作。但无一例外，全都无疾而终，并没有取得什么大的成绩。

一次偶然的机会，她到一家聋哑学校应聘做教员。凭借自身对哑语独特的感知能力，她在很短时间内掌握了手语的基本表达方式。她心性善良，对那些特殊的学生也多有关爱。师生关系融洽。如鱼得水的她在这份工作中收获了很多，而这一切都源于她对这群特殊孩子发自内心的爱。

后来，她自己成立一家聋哑学校，还开了一系列残障用品连锁专卖店，更积极投身于关爱残障人士的爱心公益活动。现在，她已经是名誉与事业双丰收的女强人。

案例中的主人公找到了自己的人生支点，凭借自己的爱心与耐心和那些特殊孩子交往。这个位置于她就是最恰到好处的支点，也正是由于这个支点，她不仅确定了可以为之奋斗的事业，还找到了自己昔日丢失的信心。

人生道路崎岖不平，我们身在其中，难免承受苦痛与挣扎。每每看到有人自杀的新闻，我都不免痛心，感慨这样年轻鲜活的生命本该富有无限可能，却以这样的方式结束了一生。

我们身边也总有人提出这样的问题：人活着既然这么痛苦，那为什么还要活着？我想，人会感到痛苦和无助而选择自我伤害，是因为他的精神支点并不够稳定，又或许是他未曾有过自己人生的精神支点。

除了惊吓，人生也会带给我们惊喜。职场中的你春风得意，生活中的你爱情甜美，这时你也需要一个支点，时刻告诫自己居安思危、未雨绸缪。然而，人生总是充满挑战与逆境，但只要有这个支点在，不管是得意还是失意，不论是风雨交加还是艳阳高照，你的人生都将是一道亮丽的风景线。

从这一刻起，给生活一个支点，让你在平淡琐碎的生活中不迷失自己的本心，保持生命的活力。

从这一刻起，给生活一个支点，让你在这个物欲横流的世界里不随波逐流，始终可以认清自己的本心。

从这一刻起，给生活一个支点，让你在节奏快、压力大的工作中不丧失激情，始终可以像上满发条的时钟，动力满满。

其实生活需要很多支点，请你不要吝啬，至少给生活一个支点，不论它是什么。它或许是来自一位朋友的信任，或许是来自父母的期望，或许是来自儿时一个简单的梦想，只要它能激发出你潜在的能量，让你能够拥有战胜困难与挫折的勇气就好。

给生活一个支点，让生活可以有阳光透进来，也只有心向阳光，生活才可以肆意发光发亮。

循序渐进才是最好的法则

从前有两个人，他们是很好的朋友，大学毕业后，他们相约到大城市打拼，看谁可以最先赚到人生的第一桶金。

来到大城市以后，有一次，两个人走在路上，几乎同时看到不远处有一枚闪闪发亮的硬币。A对硬币视若无睹，径直走了过去，而B却走过去捡起硬币，揣到了兜里。A对B的行为表示不屑，说："连这点小钱都放在眼里，怎么成就一番大事？"B却认为："连轻而易举就能得到的小钱都不在意，又怎么能赚到大钱呢？"

后来，在机缘巧合下，两人同时入职一家刚刚成立的公司。公司规模并不大，人员尚不齐备，分工也不怎么明确，有时候一个人甚至要做两三个人的工作，销售是你，采购是你，行政是你，打扫卫生还是你。对于这样的工作，A 很快表现出不满，他认为这样的平台根本不能成就他所谓的梦想，于是很快提出辞职，扬长而去。B 却很满足，因为这份工作让他感到前所未有的充实。

后来 A 又去了一家运作相对成熟的公司，他依然在寻找"升大官，发大财"的机会。

若干年后，两个人在路上不期而遇。B 凭借在原来公司的经验，成功创办了自己的公司，并且已经成功上市。他现在已经实现自己的梦想，成为富甲一方的成功人士。而 A 仍然是公司的小职员。

A 说："多年前，地上有一元钱你都会捡起来，我认为那很没出息。你怎么能取得今天的成功？"B 只说了一句话："饭要一口一口吃，路要一步一步走。"

其实，现代社会中很多人都像 A，他们不屑于做小事，认为那是"用高射炮打蚊子"，有点大材小用了。他们对自己期待满满，认为自己算不上学富五车，但也总能称得上优秀，所以他们的心总在躁动，总在寻觅适合自己的理想位置。

前不久，我的一个好朋友向我诉苦，说最近真的很倒霉。她有点像现实中的樊胜美（电视剧《欢乐颂》中的角色），家里有个不怎么争气的弟弟。就是因为这个弟弟要结婚，她很怕接到妈妈的电话，因为这通来自妈妈的电话并不会收到嘘寒问暖的关爱，而是只有一个主题，就是要钱。除了害怕，她还痛恨毫无担当的父亲。对于这样的原生家庭，她真的很无奈。

然而，也就是在最近，她接到了盼望已久的邀请。一个知名的节目邀请她去做嘉宾，并做一段演讲，她欣然同意。可是答应过后，她却发现自己最近真的焦头烂额，什么都没有准备，对于演讲的内容更是毫无头绪。那一刻她真的要崩溃了，心仪已久的机会就在眼前，她的大脑却一片空白。

生活中，总是有这样那样的问题让我们焦头烂额，但我要说的是，不妨换个漂亮的发型，或者在客厅放一束含苞待放的鲜花。尽管思绪乱如麻，但是心态不能崩溃，我们每个人都没有超能力，谁都不能让所有事情一步到位，事情总要一件一件做，循序渐进才是最好的法则。

古语有云："不积跬步，无以至千里；不积小流，无以成江海。"小时候熟读成诵、烂熟于胸的句子，竟不曾真正走到我们心里，抑或是听了太多的大道理，反而忘记了最原始、最浅显的这句。

没有谁可以一步登天，总要脚踏实地，一步一个脚印，才能逐渐充实自己。拿长江举例，长江发源于各拉丹冬峰的沱沱河，从地图上看，那只是一支很不起眼的小流，水流来源以冰雪融水为主。可就是这个不起眼的小流，却一直由西向东流到了东海，跨越我国11 个省份，全长 6300 多公里，成为亚洲第一、世界第三的长河。

长江能够奔流到海，依靠的绝不仅仅是"天上来"的那一泉水，更重要的是一路上汇入的那些大大小小的支流。由于支流的汇入，才使得长江可以冲破一路的艰难险阻。长江入海的过程就好比我们成长的过程，我们也需要"支流"的不断汇聚，循序渐进地壮大自身实力，才能在未来遇见最好的自己。

曾几何时，我们每天都在幻想与美好的日子不期而遇，希望天上能够掉馅饼，希望下一个路口就可以与人生的贵人撞个满怀。我们沉浸在一步登天的幻想中，虚度了大好年华，原来我们"头重脚轻根底浅"，就像"腹中空"的芦苇在风中摇曳了很久。只是当机会真正来临时，我们才发现这一点，继而悔不当初，然后自然而然地陷入下一个幻想的怪圈中，无法自拔。

其实，我们欠缺的就是脚踏实地的精神。更为荒谬的是，当今社会，很多勤恳、踏实的行为被我们理所当然地称之为"傻"。"你看那个新来的傻不傻，每天加班，就显示出她敬业了？""你看 ×× 多傻，没人做的事，他偏要去做，费力不讨好。""那 ×× 家的孩子，每天就知道看书，也不出来玩，我看就是傻学。"类似这样的话，我们并不陌生，或许你就曾针对所谓的"傻干""傻学"发表过"宏论"。

让你始料不及的是，你嘲笑过的那些人，他们为之拼命的救命稻草，已经长成让你仰望的参天大树了。这就是脚踏实地的力量，这就是你曾经不屑一顾并嗤之以鼻的东西。

高不成、低不就是我们很多人的现状，造成这种结果的主要原因之一就是我们好高骛远的心理。若要改变现状，从这一刻起，收起你的傲气，放下你的既有成见。海市蜃楼固然美好，但永远不切实际，也没有人可以到达。从这一刻起，做一个脚踏实地的人，饭要一口一口吃，路要一步一步走，重视生活中每一件力所能及的小事，重视脑海中闪过的每一个仅有萤火之光的小梦想。

我们的一生，可以没有举世瞩目的成就，但绝不能成为对小事都无能为力的人。实现梦想的路上，需要我们迈出的每一个步伐都坚实有力，也只有这样，我们才能实现从平凡到非凡的飞越。

从生活细节培养强大的行动力

有一天晚上，大概八点左右，我忽然很想吃冰淇淋，但因为是冬天，我心里开始打退堂鼓：外面太冷了；厚重的棉衣棉裤穿穿脱脱实在太麻烦了；等我走过去楼下超市，怕是已经要关门了；算算日子，"大姨妈"也快来了。算了，还是不吃了。

在日常生活中，这样的案例并不少见。熬夜过后没精打采的你，曾多次信誓旦旦地说要早睡，但一到晚上，搞笑的综艺节目、每天两集连播的电视剧、手机 APP 上的娱乐八卦……种种诱惑都能让你改变早睡的决心。

有研究表明，人的身体中存在两个"我"，一个是真我，一个是潜意识里的我。当真我产生一个意念的时候，潜意识里的我总会找出各种各样的理由来阻拦这个意念化为行动。换句话说，想要拥有强大的行动力，就必须战胜潜意识里的自己。

我们的人生从来不缺少完美的计划，关于未来，我们总是有着五花八门的想法，我们给自己设定各个阶段的目标，但唯一缺少的就是行动力。只有漂亮口号，并不能让我们成为梦想中的样子。那么如何才能培养强大的行动力呢？

首先，明确我为什么要做这件事。

在着手做一件事之前，首先问自己两个问题：做这件事会使我有什么收获；如果不做，我会失去什么。明确目的之后，会让你下定决心。

其次，给自己一个心理暗示，不要过分看重结果。

很多时候，对于一些事情，我们迟迟不肯付诸实践的主要原因，不外乎以下两点：我还没有做好充足的准备；对自己期望太高，害怕失败，所以不敢去做。其实现实生活中，并没有那么多可以做到完美的事情，亦不必太看重事情的结果，这样只会使我们畏首畏尾，永远不敢迈出行动的第一步。一旦跳出"如果"的怪圈，进入到"怎样做"的环节，你会发现，办法比问题多得多。

最后，培养行动力的第一步，可以选择从一些日常生活小事做起。

比如当真我发出"我想看书"的信号时，应及时屏蔽潜意识里的阻碍因素，马上拿书来看。再比如，"我想收拾卫生，我想喝杯水，我想上厕所"，如此等等，细微小事对于培养行动力来讲是很好的实践方式。

故事一

从前，在江南某地的山中居住着两个和尚，他们一胖一瘦、一富一贫。

有一天，贫穷的和尚对富有的和尚说："听闻古书上有记载，长白山上有五彩天池，我想去看一看。"富有的和尚说道："你凭什么去？"穷和尚说："我有一个饭钵、一个水壶就够了。"富和尚不屑道："我曾经准备了一辆马车、若干马匹、很多干粮和钱财，你肯定到不了那里。"

两年之后，穷和尚回来了，大赞天池胜境，富和尚羞愧难当。

故事二

在一个小渔村有一对很要好的朋友。有一天，晴空万里，海面风平浪静，A提议出海钓鱼去，B说马上就要吃午饭了，下午再去。A是个行动派，他可等不到下午了，就说："咱们这就去，可以在海上烤鱼吃啊。"

就这样两个人一起出海了，刚开始，一切进展都很顺利。突然，乌云蔽日，海面上掀起了巨浪，天色很快暗下来。他们知道暴风雨要来了，于是两人赶快穿好救生衣。果不其然，他们的小船很快就被海浪淹没了。

第二天醒来的时候，他们已经在一个不知名的荒无人烟的海岛上，但是隐隐约约可以看到不远处还有一个海岛，依稀有人居住的样子。A说："咱们砍一些木头来做个筏子吧，可以漂流到附近的岛屿看看是不是有渔民可以提供帮助。"B却说："等着吧，家里人发现咱们没有回去，就会出来找的。"

后来，A开始想办法做木筏，收集了一些树干，并找来一些藤条作为绳索。而B只是时不时站起来，看看是不是有救援的船只靠近他们。第三天，木筏做好了，A马上就要出发去附近的海岛寻求救援，B望眼欲穿的救援船只依然没有到来。

　　然后，B只能和A一起乘坐木筏，到了一个少有人烟的海岛，最后终于辗转回到了各自的家。

　　故事一中，那个富有的和尚已经拥有非常充足的物质条件了，但他还是没有迈开腿的勇气，总是纠结在那些还未发生的困难里，在脑海中设置了很多假想敌。就物资储备来讲，贫穷的和尚确实看起来寒酸一些，他只有一个饭钵和一个水壶，但他有一点绝对是令富有和尚望尘莫及的，那就是一双敢于迈开的腿。

　　故事二中，如果A没有行动，而让造木筏永远停留在想的阶段，那么他们余生可能都要在那个荒无人烟的海岛上度过了。

　　美国著名作家赛珍珠说："我从不等好运来敲门，因为一味等待，不能完成任何事情。你必须牢记，只有行动才能有所收获。"成功始于心动，成于行动。如果只有心动没有行动，一切都将是镜中花、水中月。等待不能给我们带来任何有效解决问题的办法，反而会使大把的时间从手中匆匆溜走，许多悬而未决的事情也一再堆加，最后像乱麻一样，剪不断、理还乱。

　　一旦拥有强大的行动力，一切都会变得不一样。你的作息时间开始变得规律，精神面貌有了很大的改变；你把工作安排得井井有条，效率也提升了不少；你的生活不再是一团乱麻，每次抬头都能看到明媚的阳光。

用5秒拥抱每件你想做而没有做的事

什么是"5 秒法则"？其实就是你理解的那样，倒数五个数：5、4、3、2、1，行动吧！

就是这样一个看起来毫无技术含量的方法，却战胜了人类世纪难题之一——拖延症。这可能是史上最简单粗暴的"战拖"方法了。

你可能会质疑，使用这样的方法是否有辱智商，但"5 秒法则"的发现者梅尔·罗宾斯却用很多案例告诉大家："只需 5 秒，就能改变生活。"

罗宾斯透露，这条法则的出现还要感谢那段四面楚歌的日子，当时她的处境不能再糟了，婚姻、经济、事业同时出现危机，生活过得十分艰难，就连起床也需要极大的勇气。

正是从起床的自我斗争中，罗宾斯总结出了"5 秒法则"，因为这条法则，她战胜了安逸的"被窝"，也改掉了一遍遍按停闹钟的习惯。不仅如此，她直言，"5 秒法则"让她对生活的各方面都有了把控感。她不再焦虑，拥有了自信，对情绪的把控也使得她在很大程度上改善了夫妻关系和亲子关系，经济问题也得到了很大的改善。

正是这条起初她自己都认为"很傻"的法则，让她成为无论在事业还是家庭中，都能游刃有余的人生赢家。

这条看似简单粗暴的法则，对于战胜拖延症，为什么如此有效呢？从根本上说是因为"它刻意屏蔽了你的主观感受"。

举个例子，我们定了闹钟要早起，但实际上我们并不想早起，所以会以各种理由来阻止"起床行动"。可能因为阴雨绵绵的天气就适合睡觉，也可能是因为昨晚没有睡好，或许是因为起床了也没什么事做。不管原因是什么，关键还是"不想起床"这个感受决定了赖床的行为。

再比如，我之前有个男同事，单身。有一次我们一起去餐厅吃饭，他看到一个女孩是自己喜欢的类型，然后对我们说想去要她的联系方式。但直到我们吃完午饭他也没去，原因是他今天毫无准备，想等明天打扮得帅气一点，别再吓着人家。于是这件事被推到了明天。

拖延症会产生，是因为我们的需求和行动之间并没有直接的关系，中间还掺杂了一些主观感受。我们的大脑或许发出了行动的指令，但这些主观感受也会随之出来阻碍该行动。我们都应该学着尊重自己的直觉，将"想"转化成"做"。

好吧！写到这里，至少可以证明"5秒法则"的成功不是偶然，而是真正有科学依据的。然而，只了解成功的依据是远远不够的，"5秒法则"成功的关键还在于我们战胜自身的勇气。美国布琳·布朗博士在《不完美的礼物》中写道："你可以选择勇气，你也可以选择安逸，但勇气和安逸不可兼得。"

勇气可以帮助我们逃脱"安逸区"，帮助我们在一切困难及不确定的事面前战胜畏难情绪。其实勇气并不是与生俱来的能力，不要错误地认为，这种能力只掌握在少数人手里，其实它是在生活中一点一滴积累起来的。

在积累勇气的过程中，恰恰需要我们适当地忽略自己的内心感受，少一些质疑。因为一旦产生质疑，大脑就会进入防御状态，从而阻止行为的进行。

从现在开始改变你的思维模式吧。

当你觉得工作太累，不想去健身房的时候，倒数："5、4、3、2、1！"强迫自己换好运动服，走出家门。

当你忍不住要对拖沓的孩子发飙的时候，倒数："5、4、3、2、1！"告诉自己或许正面引导会更为有效。

当你对工作有畏难情绪，想要一拖再拖的时候，倒数："5、4、3、2、1！"然后掀开笔记本，开始工作。

久而久之，你会发现这是一个培养思维模式的过程，它可以有效地促使我们做出行动。而不知不觉中，我们已经改变之前"恐惧—怀疑—犹豫—不安—习惯规避"的思维模式。短短5秒，不仅能直接杜绝我们因过度思考而产生的担忧，还能培养我们战胜舒适的勇气。

现实生活中，却有很多人因为过度思考而丧失了勇气。

林新在一家私人企业任职，他为人踏实，办事靠谱。像所有正在起步的企业一样，他所在的这家公司也存在分工不明确、管理有漏洞的缺陷。向来以"吃亏是福"为准则的他，起初并没有斤斤计较，因为他相信老板能看得到他的付出，他迟早会有所收获。就这样，他为公司东奔西走，大小事情都揽于一身。

但入职一年多，身边很多朋友都已经晋职加薪，只有他还是老样子。他很想鼓起勇气找老板谈谈加薪的事情，几乎每晚躺在床上都要思虑一番，想着"可能老板已经为我安排好，下个月就会找我谈话了""我这样贸然找他谈加薪，他会不会认为我眼里只有钱，没有公司的发展""会不会让他认为我不够沉稳，给他留下不好的印象"……一连串的疑问，使林新一直沉浸在进与退的纠结中。

后来朋友跟他说，"要不你跳槽，得了。""你辞职，老板想要留你，自然就会给你加薪了。"于是林新又多了一个纠结的方向："去提出离职的话，万一偷鸡不成蚀把米呢？老板真的让我走了，我又没有找好下家，怎么办？""去提吧，老板平时话里话外还是比较看重我，说不定会挽留我。"

林新的经历并不是特例，我们身边很多年轻人都面临这样的纠结。其实我们只需要多一点勇气，这个问题就可以迎刃而解。当你认为自己的付出得不到对等的回报时，只需要倒数："5、4、3、2、

1！"然后敲响老板办公室的门，一切就顺理成章了。

巴黎圣母院大火的新闻轰动各大网站、社交平台，很多去过那里的网友纷纷晒出与巴黎圣母院的合影，也有不少没来得及去的网友只能"望洋兴叹"。因此有人说："你想到世界去看看，可世界未必会等你。"所以，一场说走就走的旅行并不只是说说这么简单，想要去西藏，好！"5、4、3、2、1！"买好机票，直接出发就好了。

很多时候，我们不是败给了别人，败给了客观条件，只是败给了自己缺失的勇气。一再拖延也只会让我们失去更多：今天可能是一个向往已久的圣地，明天就可能是我们赖以生存的工作，又可能是我们温馨甜美的家庭。

大胆去拥抱每一件你想做却还没能做的事情吧！不要在过度思考中消耗了精力，又浪费了时间，只需要告诉自己："5、4、3、2、1，GO！"

提升自我的方式是迈开犹豫的腿

大学时期，我们身边都会有这样一群人存在，他们总是忙东忙西，在各个公开的场合都能看到他们的身影，或与人亲切交谈，或专注于现场秩序维护，或为某次会议主题积极发声，又或是在某校外门市洽谈赞助事宜。他们总是斗志满满，活力十足。

然而也是这群人，往往别人都在发愁工作方向与着落的时候，他们已经明确自己的发展方向和职业规划。不仅如此，他们中的大部分人在上大三的时候，就已经接到很多本市知名企业的全职邀请。如果是一般人，肯定很激动，或许会选择薪资待遇最好的那个。但他们不会这样做，面对诸多邀请，他们只是淡然一笑，这一笑代表着对自己过往成绩的肯定，也代表着婉拒。因为他们知道再高的薪资，也不能替代心中的理想。

为什么会有那么多机会来敲他们的门？

那是因为，他们在忙碌的过程中，提升了自己与人沟通的能力。当我们面对面试官紧张得不知所措，张口忘词时，他们可以面带微笑、大方自信地表达心中所想。

那还因为，他们在忙碌的过程中，提升了自己的学习与创新能力。当我们面对一个设计命题毫无头绪、一筹莫展时，他们已经在积极寻找灵感。

那更因为，他们在忙碌的过程中，锻炼了自己缜密的思维和灵活的应变能力。当我们面对突发状况慌不择言、束手无策时，他们以迅雷不及掩耳之势采取了最佳行动方案。

这也充分说明，天赋或许是与生俱来的，但能力却是靠后天阅历来培养及提升的。毫无疑问，提升自己的方式是让自己迈开腿，给自己去接触人和事的机会。

俗话说："三人行，必有我师。"你会发现，模仿别人是最快提升自己能力的方式，与人接触，取其精华，去其糟粕，永远怀有一颗谦虚谨慎的心，你会成长得很快。

毛主席说："实践是检验真理的唯一标准。"我们还必须多到实践中去检验自己，不要害怕出错，正确看待挫折，这正是我们提升自己能力的绝佳时机。

孔子说："学而不思则罔，思而不学则殆。"每次实践之后，必须养成勤于思考的习惯。实践所得必须经过独立思考后，才会内化为我们自身的能力。

不可否认，有一些能力可以从我们不断的日常学习和实践中逐渐获得，但一些潜在的能力，却必须经历"寒彻骨"才能有"梅花扑鼻香"。简而言之，潜力是被逼出来的。

"生于忧患，死于安乐。"舒适的环境很难让激发出我们的潜在价值，只会让我们在萎靡不振中走向灭亡，而忧患则会促人谋求发展。办法总会比困难多，面对生活中那些困难时，不妨不急不躁地告诉自己："生活没有过不去的坎。"不妨借机将压力转化成动力，适当地逼自己一把。相信总有一天，你会看到更加完美的自己。

台湾著名主持人蔡康永在《康永，给残酷社会的善意短信》中说道："15 岁的时候，你觉得游泳难，然后放弃了学游泳；18 岁的时候，你心仪已久的男生约你去游泳，你只好说'我不会耶'。18 岁的时候，你觉得英文难，然后放弃了学英文；28 岁的时候，一个很棒的工作机会摆在面前，但要求会英文，你只好说'我不会耶'。"他还说："人生前期越嫌麻烦，越懒得学，后来就越可能错过让你动心的人和事，错过新风景。"

大家可能已经发现一个社会现象，目前很多家长非常注重对孩子潜能的挖掘，他们有的是给孩子报各种兴趣班、特长班，方式简单粗暴，可以说不惜"烧钱"也要找到孩子潜在的闪光点；有的是针对孩子在日常生活中的表现，有针对性地培养其特长，或者有针对性地弥补其不足。但无论是哪一种，这些发掘潜力的路都注定不太好走。

李娟的女儿今年 9 岁了。据她说，女儿 4 岁就开始学习舞蹈，起初让女儿学舞蹈的原因也很简单，觉得可以锻炼孩子的毅力，同时还可以塑造其姣好的身姿。最初几年，因为年纪较小，学校主要以培养兴趣为主，可最近几年，老师对舞蹈基本功的要求越来越高，女儿常常觉得很累、很苦。

最近，6 级考试失败的女儿，所有的情绪都爆发出来了，一度泣不成声地对李娟说："妈妈，我真的坚持不下去了，我不想学了。"

对于女儿的歇斯底里，李娟并没有直接回应，她很心疼女儿，但也觉得应该逼女儿一把。后来吃晚饭的时候，李娟语重心长地对女儿说："你想放弃，没关系，人生总是要面对一些失败。比如说我考驾驶证，科目二已经考三次了，依然没有通过。你还这么小，就要尝试人生的第一次放弃吗？"之后，女儿重新鼓起勇气再次报名，最后成功通过了考试。

是啊！如果不逼自己一把，说不定女孩早就放弃了。这样一来，她放弃的不仅仅是学习舞蹈的机会，又或是一次考试，很有可能是面对困难时不屈不挠的精神。一旦失去了毅力，后果将是不可想象的。

从反面来讲，如果一个人在做什么事之前都留有退路，那只能说明，在事情尚未开始之前，他就已经做好失败的准备，又怎么能真正成功呢？

法国著名作家雨果曾和出版商签订合同，合同要求他在半年内创作完一本书。于是雨果将衣柜锁起来，并把衣柜的钥匙扔到了河里。没有换洗的衣服，他彻底斩断了外出游玩和会友的念头，一门心思花在写作上。半年之后，他交出了世界文学巨著《巴黎圣母院》。

人生路漫漫，有时候我们实在很难战胜自己的惰性和欲望。当我们踌躇不前时，不妨将所有退路斩断，逼着自己埋头苦干，在找寻方向的路上全力以赴，拼搏一把，总会取得成功。

第五章

你和品质感之间
只差一个好习惯

你独立自主的样子真好看

"鸟之所以敢于站在很细的树枝上，不是因为它知道树枝不会断，而是因为它相信自己的翅膀。"

看到这句话，我不禁感慨，连鸟儿都知道不依赖大树，头脑更为高级的我们，为什么还会时常把生活的所有希望与快乐寄托到在别人身上呢？

拿爱情举例，女性本来就是感性动物，在爱情中，更是很容易被感动，进而一再让步，甚至妥协，最后甚至丧失了自己赖以生存的法则，而不得不依赖对方。然而，在这种不对等的相处模式下，很少有完美收场的爱情。

原因大概有两点：或是因为女方不甘心一直处于从属地位，也想实现自己的人生价值；又或是因为爱情过了保鲜期，随之过期的还有曾经的誓言，男方开始厌倦为对方安排一切。

夜深人静时，我们辗转难眠，想起以前的自己，独立又坚强，从不会无理取闹，挣钱不多，但是生活依然美好，那时的自己眼神中洋溢着十足的活力。家人和朋友都劝说，做女人不用太要强，做个小鸟依人的小女人才会幸福，结果呢？我们现在变得患得患失，没有安全感，还被人说成不讲道理、不可理喻。

身为 85 后的我，大学毕业很多年了，每天的生活也只有工作和几项还在学习中的业余爱好而已。用朋友们的话说，我过的是"茕茕子立、形单影只"的日子。

和我截然相反的就是大学舍友文丽，她大学毕业之后找到了现在的老公。两人恋情进展很快，半年之内就结婚了。

结婚之初，她老公非常明确地对她说："你就在家好好当你的全职太太，生活的重担交给我就好了，我养你！"就这样，她放弃了大有前途的职场生涯，把战场切换到家庭，成为一个标准的家庭主妇。

每天打扫卫生、逛超市、准备晚餐，其余时间就约三五好友一起去做头发、修指甲、上网、看电视剧、聊聊八卦等来打发。后来有了宝宝，她又把重心转移到孩子身上，吃喝拉撒，一样不落。

有一次，大学同学聚会，她问我有对象没有，我说还没有。她瞪大眼睛说我都成老姑娘了，眼神里还透露出些许庆幸与不屑。然后劝我说："你看我多好，赶快找个老公嫁了得了，像我一样相夫教子，别再那么拼命了。"我只是笑而不答。

后来，她的婚姻也没能逃过七年之痒，从一些蛛丝马迹中，她发现老公出轨了。她的心理防线彻底坍塌了，她全心全意为之付出的家庭，她全心全意爱着的老公以这样的方式背叛了她。但是她没有提出离婚，因为这几年的大好年华都虚度了，她已经习惯依赖，不再是曾经叱咤职场的那个女人。几年养尊处优的时间，消磨了她所有的斗志，她害怕离开老公的日子，因为她甚至不能给自己保证所谓的"安稳"，更何况现在还有孩子。

我想，她虽然没有离婚，但应该也不会真的原谅她老公的背叛。不离婚，只不过是依赖后遗症罢了。

殊不知，对一个人的依赖，久而久之会形成习惯，就像你已经习惯拄着拐杖前行，忽然有一天，"拐杖"离你而去，你都不知道该先迈哪条腿了。毫不夸张地说，依赖会使我们渐渐地丧失自我，完全按照别人的安排去生活，继而习惯于被安排。依赖的习惯一旦养成，就像毒瘾、酒瘾一般，再想"戒掉"，怕是要经历一番锥心刺骨之痛。

靠山山会倒，靠人人会跑，最可靠的也唯有自己。依赖别人而活，永远活不出你想要的精彩，我就是我，我只做我，没有谁可以一辈子让我们依赖。当悔恨的泪水流尽的时候，希望我们都可以学会坚强，学会拥抱孤独，靠自己赢得未来的胜利。

以前看毕淑敏写的《我所喜爱的女人》，很喜欢里面的一句话："我喜欢深存感恩之心又独自远行的女人。知道谢父母，却不盲从。知道谢天地，却不畏惧。知道谢自己，却不自恋。知道谢朋友，却不依赖。知道谢每一粒种子每一缕清风，也知道要早起播种和御风而行。"这样的女人内心强大，独立于世却不感到孤独，无所畏惧，心怀感恩，却又不被其羁绊，不由得让人心向往之。

的确，每个人的命运都是上天给我们的恩赐，命运的脉搏应该由我们自己把握，而不是把它交到别人手中。如果你想成功，那么首先应该成为一个自立自强的人，否则成功也将永远停留在设想的原地。

自立自强的人一定是敢于承担责任的人，她不会抱怨这个社会人情冷漠，因为她清楚地知道，每个人的生活都十分不易，大家可能都正面临着这样那样的问题。求人不如求己，勇敢承担起属于自己的那份责任，就是你迈向独立的第一步。

自立自强的人一定是内心强大的人，她浑身上下都散发着自信的光芒。她有自己独特的思维方式和分析能力，不会轻易被社会舆论所左右。她宠辱不惊，从不惧怕挫折，因为她知道这世界上最可怕的事情就是自己内心的恐惧，人生最大的敌人就是自己。这样的人可以在风雨中微笑，在挫折中成长。

自立自强的人并不是冷血无情的人，相反，她心地善良，懂得感恩，只不过是那区别于感性的善良，更多了一份理智。她不会因为善良，放弃应有的底线与原则，更不会被善良所绑架，脱离既定的人生轨道。

你的坚持终将成就未来的美好

没有谁的人生道路是一帆风顺的，我们都要面对很多坎坷、很多艰难的抉择。可能有人在最美好的年纪遭遇了不幸的意外；可能有人正奋斗在身心都备受煎熬的考学路上；可能有人背负着家庭和工作的双重重压，正经历艰难的喘息期；也可能有人在看似美好的爱情中遭遇了背叛。

前段时间，晓晓的妈妈突发心脏病住进医院，经检查被确诊为急性心肌梗死，不过好在送院及时，她妈妈现在没有生命危险。医生向她解释了这个病的严重程度，说好多这类型的病人从发病到死亡间隔时间很短，有的甚至来不及被救治就去世了。晓晓的妈妈是幸运的。医生告诉她，要等病情稳定之后再采取相应的治疗措施。

晓晓的天一下子塌了。父亲很早就离开了她们，妈妈一个人把她抚养长大，一想到最亲爱的妈妈正躺在病床上，随时都有可能离开自己，她的眼泪就止不住地流下来。

这时候，手机响了，是部门主管打来的，说现在有一个很急的项目需要处理。晓晓根本不可能把生命垂危的妈妈一个人留在医院，只好暂时请假。但请假也不是长久之计，后来她开始公司和医院两头跑，晚上就在医院陪护，睡在从住院部租来的折叠床上。尽管很累却久久难以入睡，眼角的眼泪总是不争气地流下来。

休息不好，她白天工作自然无精打采，后来因为工作上的一点纰漏，还被老板当众训斥了，全勤奖没有了，绩效没有了，年底奖金也打了水漂。但她不能辞职，因为妈妈住院还需要手术费、医药费。由于三天两头地请假，她还是接到了人事部经理的"传唤"。她将实情据实以告，人事部经理表示很同情，但公司不是慈善机构，希望她能休息一段时间，也可以更好地照顾病人。就这样，晓晓被辞退了。

都说福无双至、祸不单行，晓晓的男朋友忽然提出分手，让她一下子如置身于寒冬腊月。

后来说起这段经历，晓晓自己都说，不知道是怎么挺过来的。经过心脏搭桥手术，晓晓妈妈的身体逐渐好转。这个好消息对于她来说，就像是一剂强心针，在深处崩溃的边缘爬出来后，她更加成熟，对未来也充满了希望。

有些艰难的境遇并不是特例，恰恰是很多时候就发生在我们身边的事情。这些当事人可能都经历着前所未有的身体上的折磨、心灵上的煎熬，甚至精神上的摧残。

面对这些坎坷，有的人选择逃避，选择放弃，或者敷衍。我接触过很多中学生，有相当一部分孩子会抱怨学习让他们感到很累，繁重的课业使他们感到枯燥乏味，升学的压力让他们喘不过气来。每当这时，他们就会跟父母说不想上学了。他们想要放弃这段让他们感到异常艰难的求学之路，因为放弃太简单，而坚持太难了。

那些意志坚强的人总会选择坚持，因为他们坚信冬天再冷也终将会成为过去，春天就在不久的将来。对未来的希望，就是他们前进路上的不竭动力。

身为成年人的我们或许都明白坚持的意义是什么，但依然很少有人能做到十年如一日地坚持做一件事，这是为什么呢？

说白了，坚持这件事，就是对我们意志力的考验，而不是"三天打鱼，两天晒网"的一时兴起，成大事者最忌讳的就是三分钟热度。我们总是流着口水羡慕别人的马甲线，然后立志说要节食、要健身，可看到美食就忍不住往嘴里扒拉，连天气不好都能成为不去健身的理由。你似乎忘记了马甲线这回事，直到你再次看到令人惊艳的身材出现在别人身上，又重复立志。你总是在立志，却不能立长志，所以也从不曾拥有坚持的美好。

你有权选择放弃，但放弃绝不是你不能持之以恒的理由，更不应该对不曾付出努力的事情说不可能。人生路上总有那么一段泥泞，也总有一些糟糕的境遇是我们无法回避的。眼泪过后，我们更应该抖擞精神，继续前行。

有句话说得好："所有不曾杀死你的磨难，都会助你变得强大。"历尽千帆之后，你会发自内心地感谢曾经那些"磨难"，也会由衷地庆幸自己当初的坚持，庆幸自己并没有因为偶尔的挫败而放弃当初的梦想。看看那些成功人士，哪个不是在"劳其筋骨，饿其体肤，空乏其身，行拂乱其所为"之后才有所成就。

必须坚信你选择的每一条道路都有不得不那样跋涉的理由，而你要做的，就是坚定自己的信念，"不经一番寒彻骨，怎得梅花扑鼻香。"你的坚持，也终将成就一番美好。

别让将来的你为今天的不自律买单

说到自律，不禁让我想起前段时间一度被各大平台刷屏的莫文蔚。了解她的人都知道，相对于五官来说，她性感的身材美得更有说服力一些。而此次演唱会，她更是选择了相当富有挑战性的造型设计。那是一身裸色的钻石薄纱连体衣，紧身设计对身材提出了非常高的要求，但是驾驭这件"战袍"，对于莫文蔚来说简直易如反掌。

或许有人又酸了，他们会说，那就是为她量身定做的。

好，就算是量身定做，已经48岁的莫文蔚却展现出了让少女都羡慕嫉妒的身材，全身上下没有任何赘肉，两条大长腿更是纤细笔直。她的状态好到让你觉得她和刚出道时没有什么两样。

作为资深吃瓜群众之一的我，也着实受"惊"不小。惊讶羡慕之余，不禁感慨万千，莫文蔚怎么好像都没变老呢？她好像吃了防腐剂，岁月对美人也总是格外开恩，留给她的还有这个年龄段独有的优雅与成熟的魅力。哼！难道我们一直在吃的都是岁月的"猪饲料"吗？

明星光鲜亮丽的外表背后，都显示着她们异于常人的毅力和决心。换句话说，她们对自己都太"狠"了。

拿莫文蔚举例，据说她为了这次长达一年半的世界巡回演唱会，准备了长达半年的时间。不得不提的就是她在饮食方面的控制，为了保持好的身材，她不吃任何甜食，对油炸食物更是绝对忌口。为了能给歌迷展现最好的歌喉，她戒掉了葱、姜、蒜等所有调味料，辣的更不必说了。不仅如此，她还戒掉了自己非常喜欢喝的红酒和咖啡，也包括所有女生都爱的冰淇淋。除了控制饮食之外，运动就更不用多说了，除了游泳、私教瑜伽等，爬山等户外探险也是必不可少的。

自律的人生简直像开了挂一样精彩，几十年如一日的自律，想必也不是一般人可以做到的。

看完别人的人生，再回头看看自己的。你又一次推迟了自己的减肥计划，因为美味的火锅在向你招手；你又一次因为痛经，在床上疼得直冒虚汗，因为你没拒绝某冷饮店最新加推的冰淇淋；你又一次把无名火发在了年迈但爱你不减的父母身上，因为你控制不住；你又一次把一个月的工作任务堆积到了最后一周，因为你不得不去参加那些所谓的联谊会。

对于很多人来说，自律都是一道难以逾越的鸿沟。为什么这么说呢？因为自律本身会带给我们一定程度上的不舒适。相对来说，不自律又会使我们在短时间内处于一种极度满足与舒适的状态，而不自律产生的不良后果往往还有一定的滞后性。

举个最简单的例子来说，有的人会在晚上九点准时上床，并且他们会把手机调成静音模式或者关机放在客厅，而不是带进卧室。九点到九点半这段时间，他们可以看看书，或者闭上眼睛，躺着回想一下当天的学习或者工作。而有的人同样九点上床，不同的是，他没有办法闭上盯着手机屏幕的眼睛，并经常熬到凌晨一两点才能入睡。他们沉醉于熬夜的过程不能自拔，当时感觉良好，第二天却无精打采，无心工作。

有人说，当你清楚地知道自己要去哪里，那么全世界都会为你让路。想要放纵自己，你有千千万万个理由，然而想要自律的理由，也许只有一个。但恰恰是这一个理由，能让你更加接近梦想中的自己。自律者的人生都掌握在自己手中，不管前进的道路有多么艰辛，他们都不会为自己找任何退却的理由。

我之前无意间在网络上看到一个泰国短片——《只有你可以改变你自己》，短片讲述了一个胖女孩的蜕变过程。故事开头讲的是这个女孩因为很胖，每天都生活在周围人的嘲笑之中，她无数次梦到大家喊她"肥猪""肥佬"，也无数次从噩梦中惊醒。

她想要变得漂亮，不想被同伴孤立，更不想永远生活在大家的嘲笑声中。后来她从奶奶口中得知，后山有一口枯井，如果有谁能通过自己的努力把枯井注满水，上帝就会出现，并将允诺他实现一个愿望。听了奶奶的话，女孩二话不说，拿起两只水桶向后山走去。从那天开始，不管刮风下雨，她都没有停下打水的脚步，她不再在乎别人的冷嘲热讽，决心要把枯井注满水。

终于有一天，枯井被水灌满了，她大声喊道："上帝，你在哪里？"可是山上除了她，没有任何人出现。她难掩失落，可是看向井里的时候，她看到了一个容颜俊秀、身材姣好的女孩，那是她的影子。通过努力，她变成自己想要的样子。

影片很短，寓意却深刻，只有自律的人才可以改变自己。这一点除了你自己，没人可以帮忙。

沃伦·巴菲特有一句名言："如果你没办法在小事上约束自己，那么很可能在大事上，你也不能约束自己。"

自律是一个循序渐进的过程，我们不可能要求一个放纵成性的人马上变成绝对自律的人。其实，我们完全可以从小事做起，从百分之一的自律逐渐做到百分之七十的自律。培养自律的好习惯，我们可以从以下三方面着手。

首先，情绪自律。

一个善于管理自己的人，一定是在情绪上可以自律的人。善于管理并控制自己的情绪，是我们每个人的人生必修课之一。当你的无名火要爆发之前，请坚持 3 秒，然后你会发现，其实不发火可以更好地解决当前的问题。

其次，行动自律。

医生常常建议糖尿病患者"管住嘴,迈开腿"。从另一个角度来看，我们也应该从中吸取经验教训，及时处理手头上的工作，适当放弃于身体无益的食物。想要锻炼身体，那就即刻行动起来，不拖拉，不放纵。

最后，话语自律。

常言道："好言一句三冬暖，恶语伤人六月寒。"与人相处过程中，还是应该嘴下留情，莫论人非。除此之外，夸夸其谈更要不得，当朋友向你倾诉隐秘之事时，是出于对你的信任，不要随意透露别人的隐私，成为他人眼中的长舌妇。

　　曾经有人开玩笑地说："看你腰上这一层层的游泳圈，都是放纵自己胡吃海喝的结果啊！"没错，所有不自律的行为，都要由我们自己来买单，所以从今天开始，培养自己严于律己的好习惯，不要等到将来再后悔。

曾经付出的努力都会在某个时刻开花

　　西西小时候是一个憨态可掬的女孩子，脸蛋圆圆的，小肚子鼓鼓的。胖乎乎的西西，一听到音乐的旋律就会不由自主地跟着摇晃起来，那点儿踩得还真像那么回事。

　　到了四岁的时候，西西幼儿园里的好朋友都去学舞蹈了，她也向妈妈提出学芭蕾舞的要求。西西终于得偿所愿，妈妈为她选了一家很专业的芭蕾舞学校。但事情并没有想象的那么顺利。入学的第一堂课，她就出丑了，当然那时候她并不知道什么是出丑，也不知道这次出丑只是个开始。她只知道，所有的小朋友都笑得前仰后合，就是因为她太胖了，而那小小的紧身连体衣和她的体形显得格格不入。妈妈好不容易将她胖乎乎的小身体塞进紧身舞蹈服之后，西西却笨拙得像一只小象，好像连路都不会走了。

　　来自新朋友特殊的"问候"，并没有让西西打退堂鼓，凭着最原始的一腔热情，这一坚持就是三年。上了小学，她似乎没有小时候那么胖了，但又出现了一个新问题。芭蕾舞的基本功就是先要练习柔韧度，而西西的柔韧度明显不占优势，像下腰、一字马、面贴腿摸脚尖这些最基本的动作，其他人经过练习之后很轻易就能做到，她却因为体形，加上"筋硬"，总要比别人付出更多的汗水才能勉强做到。

　　说来也奇怪，一个小学生竟然能有这样的毅力，连老师都说："相对于现在很多养尊处优的孩子来说，像西西这样能够迎难而上的真是不多。"确实是这样，很多学舞蹈的人都是因为受不了日复一日练功的疲累，最终选择放弃。对于这点，西西自己是这样说的："我看到那些大哥哥大姐姐演出时，身体很轻盈地一跃而起，真的很漂亮。我也想像他们那样。"

　　上中学以后，正值青春期的西西又发胖了，但有多年的舞蹈基本功傍身，她的发胖在正常人看来其实并不算胖。随着年龄的增长，她对自己的要求愈加严格，除了每天练功之外，她还给自己额外加练，饮食方面也很控制，她放弃了最喜欢的奶油蛋糕和炸鸡排。每次出外，闻到有炸鸡排的香味，她都忍不住吞口水，但从没忘记自己最初的梦想。

　　几年坚持下来，她已经出落得亭亭玉立。对舞蹈基本功十年如一日的坚持训练，更让她凸显与众不同的气质。后来一次偶然的机会，她参加某地区的舞蹈大赛，从海选到决赛，一路过五关、斩六将，最终获得了全国第三的优异成绩。

正如她所期望的，曾经笨拙的小身体现在已经变得如羽毛一样轻盈，她轻松就能完成很多高难度的动作。天资并不算太高，也没有后天优势的垂青，就凭借自己的一腔热情，她走过了十多年的舞蹈历程，并将继续走下去。

西西的故事是一个能将梦想付诸努力的典型案例。可以想象得到，在这个过程中，并没有优势的她曾遭遇的那些嘲笑与冷眼，甚至还会有人在一边给她打退堂鼓。或许她也彷徨过，但最终选择了坚持自己，这一念就注定了十年的努力与付出。当然，曾经的汗水也不会辜负她。

我想每个人都曾或者正在经历年少轻狂的阶段。这个阶段的我们总是那么富有活力，我们想法新奇多变，对未知的世界充满好奇心，迫不及待想要去探索。但生活不是一帆风顺，随着一瓢瓢冷水浇下来，我们很快开始怀疑，放弃最初的梦想，甚至开始怀疑自己的能力。

事实上，人和人之间的天资并没有太大的差距，唯一的差别就是后天的努力以及持之以恒的毅力。有些人天资尚可，却自恃聪明而偷奸耍滑，结果聪明反被聪明误，反而一事无成；有些人虽天资愚钝，但相信勤能补拙、笨鸟先飞，最终成就一番事业。

　　所以，看到这本书的你，如果恰好正因为走到人生的十字路口而感到迷茫，那么请你坚持自己的本心，坚持做你自己就是最好的人生选择。实现梦想的路上，只要你有一颗奋发向上的心，那么一切艰难的境遇都显得微不足道。

　　短视频《深坑》是我刷微博时看到的，在好奇心的驱使下，我点开了它：视频中一个平平无奇的男人正推着一辆载着很多碎石的小推车，很明显，他想填满路中间的深坑，好继续前进。一趟又一趟，可能是因为太累了，他不小心被绊倒了，更加不幸的是，在他摔倒的一瞬间，小推车在惯性的作用下直接向前并摔进了深坑里。他唯一的工具没有了，然后开始徒手搬石头，显得很艰难。这时，后面来了一个人，他看起来身强体健，用双手直接推了一个巨大的圆石，滚到深坑的位置，刚好卡在那里，这个人轻松就到了对面。过去之后，他炸毁了这块巨石，深坑依然存在。之前那个人目睹了一切，他觉得滚巨石这个办法很便捷，于是他丢下小石块，开始效仿那个人的做法。当他的巨石滚到一半路程的时候，后面又来了一个个子很高的人，他一抬腿，轻轻松松迈过去了。第一个人像是受到了启发，他丢下滚了一半的巨石，毅然决然地走到深坑面前，也想轻松迈过去，但是他没有那么长的腿，结果不幸掉进了深坑，还被坑里尖锐的尸骨刺穿了身体。

一个很短的片子却蕴含着深刻的道理。每个人都有自己独有的优势与条件，适合别人的方法不一定适合你。努力的路上，或许会有很多人因为有适合自己的捷径，而抢先到达了你日思夜想的地方，而你仍摸爬滚打，奋战在路上。请不要气馁，也不要嫉妒，只要再努力一把，你也终将到达梦想的彼岸。

你看那些真正努力的人，他们都是不折不扣的实干家，他们不会巧言令色，也不会夸夸其谈。在你高谈阔论的时候，他们已经翻山越岭，奔向理想中的幸福生活了。

你看那些真正努力的人，他们都是深谙劳逸结合之道的人，他们懂得在奋斗的路上必须张弛有度，适时调节自己的身心状态，不然就会像被时刻拉紧的弹簧，最终反而失去自我价值。

你看那些真正努力的人，他们都知道爱拼才会赢，天上不会掉馅饼，就算掉下来也只会砸到奔向幸福的人，而不是偏安一隅的你。

你看那些真正努力的人，上天总是格外垂青他们，纵使现在没有，相信也正在路上。我们必须坚信，曾经付出的努力，必会在未来某个时刻开出最美丽的花。

让每个生活细节都"物尽其用"

如果你见过小李家的厨房，那你肯定惊讶至极。上周日，小李邀我带女儿去她家吃晚饭，说好久不见，甚是想念。她是我大学时期的好友，我欣然前往。去的路上，我还顺道买了蔬菜、肥羊火锅底料等。我觉得吃火锅比较简单，可以边吃边聊，还在心中暗暗为自己的机智点了一个大大的赞。

一进门，女儿就捂住鼻子，那是一股很难形容的味道，这还只是惊喜之一。当我看到她家厨房的时候，真是傻眼了，那简直是"锅朝天，碗朝地，洗菜盆子放一地"。除此之外，土豆、洋葱滚得到处都是，连个下脚的地方都没有。再看看她家的蔬菜收纳架和道具收纳箱，简直形同虚设。

灶台上的油污渍已经积压厚厚的一层，看起来至少半年没有清理过。我拿起她家的锅，讽刺道："还有其他锅吗，用这口不会中毒吧？"

吃火锅本来是图省事的，但收拾厨房就用了两个小时。我深知"授人以鱼不如授人以渔"的道理，也为了避免再次"遭遇不幸"，只能一边收拾一边絮叨，主题就是必须养成及时清理的好习惯。

有时候，只是一些很细微的习惯，就能让我们的生活环境变得更加美好，但我们恰恰没有这样的意识。没有养成好的习惯，却偏偏在脏乱差中习惯了忍耐，这样的生活又怎么谈得上品质感呢？

真正有拥有品质生活的人，一定是有好习惯傍身的人。而品质生活的极致，就是要极简生活，养成断舍离的习惯就显得非常重要了。

断，拒绝冲动购物，拒绝低价诱惑，养成理性购物的习惯。

舍，将躲在角落里的"吃灰家族"统统处理掉。

比如，清理衣柜，把那些压箱底的、永不见天日的衣服、帽子、裤子等都揪出来，或者整理之后放到社区公益收纳柜，或者通过某种特定渠道进行以旧换新。有时候以节流的方式进行开源，未尝不是上上之选。

再比如，你曾经认为"精美"而舍不得丢弃的各种标签，如果没有合适的用处，扔进垃圾桶吧。还有某次点外卖赠送的一次性餐具，实际上你在家里根本用不上它们，它们的存在也只会让你的筷子收纳盒变得更加局促。

所谓处理，除了丢弃之外，我们还可以选择"物尽其用"。如把带有精美刺绣的牛仔裤后兜收集起来，做成精美的挂墙收纳袋，这样指甲刀、发绳等一些小物品就有了归宿。

再比如，沙发垫经常有人坐的地方磨损会比较严重，我们可以剪掉它，然后把剩余的部分做成卫生间的防滑脚垫，或者裁成长条，铺在沙发下面作为地毯，在你懒得穿鞋又不得不起身的时候，避免了凉脚的尴尬。

离，让自己远离对不实用物质的迷恋。

高品质的生活，就是让自己处于宽敞舒适的空间，享受一份不局促的自在。

摆正价值观之后，还有一点是我们必须明确的，那就是任何身体上的疾病，都会降低我们的生活品质。首先，物质方面的损失不言而喻，因为似乎没有什么是比医药费更加昂贵的支出；其次是身体方面，当你病恹恹地躺在床上时，恐怕很难和享受生活扯上什么关系了。所以，养成锻炼身体的好习惯，保证身体健康也是一个硬性条件。

比如，广大早上起床困难户可以养成夜跑的习惯，不仅可以释放白天工作的压力，还可以帮助快速进入睡眠。坚持下去，身体状态就会大有改观。经济条件允许的话，我们还可以报一些专业特长班，游泳、瑜伽、舞蹈都是不错的选择。

如果说拥有健康的体魄是我们进行一切活动的重要前提，那么要想真正享受品质生活的质感，还需要我们武装自己的头脑，丰富自己的精神层面。

《环球人物》杂志在对主持人董卿进行采访的时候，曾问她的阅读情况，董卿回答："我基本上保持每天睡前一个小时的阅读量，雷打不动的。"当被问到还能坚持多久的时候，她很自然地回答："无所谓坚持不坚持，这已经是一个习惯。"

作为央视"一姐"，董卿先后主持了《中国诗词大会》《朗读者》等一系列广受好评的文化类节目，不得不让人对她自身过硬的文学底蕴感到惊叹。毫无疑问，这与她本人坚持每天阅读的好习惯是分不开的。我们或许看不到习惯的威力到底有多大，但在关键时刻自然可以明白习惯的力量。

我听过这样一个故事。

孙儿问爷爷："爷爷，你每天看这么多书，能记住多少呢？"

爷爷答："差不多都忘记了。"

孙儿追问："既然知道要忘记，为什么还要坚持每天读下去呢？"

爷爷看着孙儿满脸天真，没有直接回答，而是让他把不远处装煤的竹篮拿过来。

孙儿满脸不解，但还是照做了。

后来爷爷又让他拿着竹篮去河边打水，孙儿更加疑惑，但依然照做了，"竹篮打水一场空"，孙儿根本没有打上来水。重复多次之后，孙儿不耐烦地问："爷爷，你到底想干什么？"

爷爷指了指竹篮说："这还是之前的竹篮吗？"

孙儿看了看竹篮，随着河水从缝隙里流走，也带走了附着在竹篮上的煤灰，因此竹篮看起来焕然一新。

爷爷告诉他："这就好比读书，清水从竹篮缝隙漏掉，看似什么都没有得到，却在不知不觉中净化了自己的身心。"

写到这里，让我想起这样一句话，大意是，我们吃过的饭、喝过的水，终究会被排出体外，但营养的部分已经融入我们的血液和骨骼。而一个人读过的书，也会在无形之中融入我们的灵魂深处，并化作智慧，与我们共存。

好的读书习惯，以及读一本好书的习惯，都会让我们在提升自身修养的同时，拥有更加懂得生活的睿智。

品质生活的背后，一定离不开好的生活习惯、工作习惯。举例来说，一个有着"早睡早起"习惯的人，他可能不会给你机会，让你看到他工作时无精打采、萎靡不振的样子。很多时候，他呈现给大家的是活力满满、高效多产的工作状态。

从此刻开始，不妨有意识地培养一些生活好习惯，它们会从根本上改变你的生活品质。

用21天去遇见更完美的自己

孙雯问我："你看我最近有什么变化吗？"我反问："有什么变化啊？"她说："你看我最近走路时是不是不那么气喘吁吁了？"

她这么一说，我觉得好像还真是。

以前我两一起走路的时候，能明显感觉到她的呼吸声特别重，再正常不过的散步，对她来讲就像负重 20 千克行军。她倒是不胖，就是缺乏锻炼，一走路就喊累，一起出去逛街时走几百米的路程也绝不会用步行的方式，要么选择骑自行车，要么选择打的。

仔细询问后，我得知，原来为了改变自身的亚健康状态，在老公的"怂恿"和带领下，她最近在坚持跑步，而且已经坚持一个月。

开始那几天真的很辛苦，她早上根本起不来，每天都是老公把她从床上拖下来。走几百米都困难的她，起初更是没跑几步就已经上气不接下气，"呼哧呼哧地，就像一只在大热天极度脱水的狗。"她说，"那种连呼吸都不能自理的感觉真是太差了。"

后来，大约坚持一周的时间，她已经可以跑完整的一圈，虽然起床时还是很困难，但至少可以"自主睁开眼睛"；虽然还是会气喘，但也没有之前感觉那么差了。每天早上运动完之后，白天也没有那么累了。总之种种迹象表明，身体一切都在朝着好的方向发展。

孙雯说，一周前她已经可以跑一圈，然后把呼吸调整得比较好。每天运动一下让她感觉身体很轻松，不再感觉浑身像"注了铅"一样乏累了。她还告诉我，她会坚持下去，因为她更喜欢现在的自己。

孙雯用一个月的时间改变了自己的身体状态。我们发现这件事情的开端是比较艰难的，但一旦坚持下来，度过这个艰难期，一切好像变得没有那么困难了。生物钟会在每天早上固定的时间叫你起床，而你的身体也会被惯性驱使着起床、穿衣、出门运动，一切仿佛都已经好像吃饭、喝水一样自然了。

在行为心理学中，人们通常认为，若要形成一个好的习惯或者理念，至少需要 21 天的持续巩固，并将其称为"21 天效应"。

一般认为，第一个阶段是最困难的，行为者需要刻意地提醒自己去改变，所以常常感觉到一定的不适和不自然。所以这一阶段的特征表现为刻意、不自然，并且这种状态可能会持续一周左右的时间。

如果你能成功地"挺"过第一阶段，顺利到达第二阶段，你会发现，虽然仍然需要刻意提醒自己去做这件事，但做起来，身心感觉较之前舒服了。这种状态也会持续一周左右的时间，这阶段的主要特征是刻意、自然。需要提醒大家的是，一定要坚持，稍有懈怠就会回到原点。

第三阶段，通常被我们称为"习惯稳定期"，该阶段的特征是不刻意、自然。顾名思义，进入这一阶段的我们，已经初步完成"自我改造"的过程，习惯也已初具雏形。

在这里必须要强调的一点是，21 天只是养成好习惯的开始，而不是终点。我们需要的是让这 21 天的坚持，成为坚持 210 天的开端。

俗话说"万事开头难"，从无到有往往是最困难的，但这个过程的实现就好比我们习惯养成的爬坡阶段，那是颠覆自我、改变自我的机会。我们要做的不仅是知道今天怎么做，还应该懂得以后的每一天都应该坚持这样做。

拿篮球运动员来说，我们都知道人的肌肉也是有记忆的，优秀的篮球运动员之所以可以在比赛场上把每一个运球、传球、投球的动作做到无懈可击，就是因为他们在日复一日、年复一年的日常训练中，已经形成肌肉记忆，所以那一连串的动作就像是出自本能一样自然。

这说明，稳定的习惯养成，或许需要比 21 天更长的时间，但毋庸置疑的是，我们必须学会迈出第一步。21 天，一个不长不短的周期，不仅可以让我们在坚持的路上充满动力，还可以在无形中给我们一个重新认识自己的机会。

如果你刚好在进行一个 21 天计划，会发现有一些改变正在潜移默化地发生着。那就是你的心态与思维方式。

首先就是心态的改变，由"不行"到"行"，由"不能"到"能"。很多之前被你否定的建议，现在正切切实实地发生在你身上。你会发现原来自己也是可以的，从而培养出良性发展的自信心，在积极的心态下自然会有积极的行动。

例如，一个体重 100 千克的女孩，尝试了多种减肥办法，最终都以失败告终，她觉得没有别的办法了。可是当她参加一个 21 天改变自己的体能训练班之后，在教练的严格监督下，最终成功减掉了 15 千克。她发现原来自己也可以做到成功迈出这一步，让她对之后的减肥事业树立起信心。

心态一旦改变，紧随其后的就是思维方式的改变。日本实业家稻盛和夫在他的著作《思维方式》中说道："一个人的思维方式蕴含着让他的人生发生 180 度转变的巨大力量。"面对自身不足，我们要始终培养积极乐观的思维方式，这在一定程度上影响着我们的人生轨迹。

我们每个人都应该勇敢地迈出这一步，好习惯的养成需要我们做出改变，改变就意味着必须勇敢地跳出人生的舒适区。如果你还没有下定决心，不妨就趁现在，给自己制订一个 21 天计划。它可以是"21 天写作计划"，也可以是"21 天跑步计划"，还可以是"21 天阅读计划"。

哈佛大学一个著名的理论认为，人之所以存在差别，在于他们如何利用业余时间，而一个人的命运就取决于晚上 8 点到 10 点的时间。如果你能利用每晚的这个时间段来做一些有意义的事，比如阅读、思考、进修，或者听一场演讲，或是参加一次讨论，你的人生就会发生改变。

所以，"21天阅读计划"是我们每一个人都应该参与的起步，"如果非要给它加上一个期限的话，我希望是一万年"。如果你这样做了，未来的某一天，你终会与一个更完美的自己不期而遇。

第六章

学会微笑着管理情绪

你故作淡定的样子看着好累

故作淡定，顾名思义，即明明心里已经波涛汹涌，表面上却假装波澜不惊。在我看来，故作淡定本身就带有贬义色彩，既是"故作"，就说明已经被人识破，这样的淡定根本不能使你看起来高级，反而会映衬出你的心虚。

既然是这样，为什么还会有人喜欢故作淡定呢？而且有很多人都选择这样做。

你可能刚刚丢了一份对你来说很重要的工作，然后你淡定地对朋友说："旧的不去，新的不来。"其实大家都知道，你有房贷、车贷的压力，还要养老婆、孩子；你鼓起很大的勇气向心仪的女生表白，在这之前，你明里暗里地追求了人家好久，可是被拒绝之后，你淡定地说"天涯何处无芳草"，但那天晚上聚餐你喝醉了；朋友们一起相约去某个地方旅行，你提前查好各种攻略，然后淡定地说你已经去过那个地方，可以做大家的导游，其实不过是为了使自己看起来见多识广。

说白了，人们之所以故作淡定，最主要还是出于维护"面子"。

都说男人要面子，但当今社会，女人要起面子来，也是一点儿都不含糊。

同事楚楚是个 95 后，小小年纪，虚荣心却大得惊人，每天都把自己打扮得花枝招展，衣服一天换一套，一个月都不带重样的，就连背的包也是通过各种渠道代购的名牌，哪个都得一两千元。包里还有不同色号的口红，都是大牌子。

她工作的城市只是一个三线城市，初始工资水平也就三四千元。开始大家都以为她是富二代，因此总跟她开玩笑说："你这是捧着金饭碗要饭啊？家里都那么有钱了，还出来工作啊？每天累死累活还被老板训，回家当大小姐多好啊！"对于这些奉承的话，她很是受用，然后说："爹妈再有钱，那是他们的。我要凭自己的本事养活自己。"

一个偶然的机会，她给同事看她手机相册里出去旅游的照片，同事一不小心看到了一张全家福照片，并且应该可以确定那就是楚楚一家人。照片中的她光鲜亮丽，同事一眼就认出来了。而她的爸爸妈妈虽然化了妆，依然难掩岁月痕迹，粗糙的双手也依稀可以看出常年劳动的痕迹。发现同事看见了这张照片，楚楚不由得收起了笑容，表情略显尴尬。

后来有一次，因为公司财务审核，工资晚发了几天，她私信给该同事说："刘姐，你可不可以借我一点钱。等发了工资，我就还你。"

原来，她每月都有信用卡、花呗要还，并且金额还不小，更关键的是，因为迟发工资，她现在连吃饭的钱都没有了。刘姐把钱借给她之后，她嘱咐刘姐不要让其他同事知道。

刘姐当然不是多嘴多舌、喜欢在背后议论别人的人，这也是楚楚选择跟她借钱的原因吧。然后楚楚又开始每天"买买买"的生活了。

案例中的楚楚即便已经"负债累累"，甚至连填饱肚子都成问题，还是要故作淡定地维护自己"富二代"的形象。为了所谓的"面子工程"，真的可以将自己伪装到如此境地吗？不吃饭，真的不饿吗？说大话，真的不累吗？听着那些奉承之言，真的不心虚吗？不禁要感慨一句："死要面子，活受罪啊。"

曾经在微博的萌宠板块看到一个小视频，主人公是一只金毛犬和一只美短猫咪。猫咪站起来用两只前爪热情地拥抱大金毛。大金毛面无表情，岿然不动，看起来对这个突如其来的拥抱好像无动于衷。如果你这样认为，那就大错特错了。了解狗狗的人都知道，它们会通过自己的尾巴来表现情绪。而视频中的大金毛虽然看起来淡定，但是尾巴欢快地摇来摇去，明显"出卖"了它的内心。

狗狗的故事告诉我们一个很浅显的道理，越是故作淡定，越是欲盖弥彰。在人生的道路上，就算你是专业演员，但表演就是表演，再精湛的演技也会出现纰漏，更何况我们中大部分人都并不专业。

你拙劣的演技只会出卖你的心虚，再无助益。

故作淡定的样子，不仅别人看着累，感到更累的是你自己的身心。那么如何才能做到真的淡定呢？

有人说，淡定是天生的，不然你去观察幼儿园那些小朋友。有的小朋友会临危不乱，他们上台主持的时候，说话慢条斯理，都不知道什么是怯场，即使忘词了，还会自由发挥。有研究表明，行事淡定从容、不惧怕外界眼光的孩子，是因为他们得到了充足的爱，修炼了强大的内心。

也许你会发问："我小时候就缺乏爱，现在还有办法补救吗？"答案是肯定的。想要有淡定从容的外在举止，你必须修炼一颗淡定从容的心。

首先，树立正确的人生观、价值观。

正确的人生观可以帮我们明确前进的方向，可以让我们少走弯路。除此之外，还可以在一定程度上让我们远离虚荣心，树立正确的人生追求。

其次，丰富自己的内心世界。

俗话说："读万卷书，行万里路。"你可以随时去旅行，但那不是为了拍照晒微信朋友圈，那应该是真正的心灵之旅，不仅可以涤荡心灵，还可以丰富自我。如果经济条件不允许，那么读书永远都是"最佳备胎"。

最后，保持好的心态，做到"宠辱不惊"。

好的心态，在任何时候都显得尤其重要。不要把得失看得那么重要，"失之东隅，收之桑榆"，抱着这样的想法，你会发现，原来要做到"宠辱不惊"，也并不难。

不做情绪传染的"踢猫"人

有一位脾气暴躁的父亲，由于工作上的失误被部门主管当众斥责了一通。下班回到家中，看到顽皮的儿子在客厅里上蹿下跳，就把一肚子的火气撒到了孩子身上。孩子受到训斥之后，满腹委屈无处诉说，就狠狠地打了正在身边撒娇的猫。猫受了惊吓，跳到窗外，一辆卡车碰巧开过来。为了躲避猫，卡车不小心撞倒了正在路边玩耍的孩子。

故事很简单，逻辑也很清晰，这就是所谓的"踢猫"效应。它是一个坏情绪的连锁反应，主管—父亲—儿子—猫，从这一顺序可以看出，被发泄对象一级比一级低。现实生活中也是如此，我们总会选择相对处于弱势的群体来发泄自己的坏情绪，这种坏情绪的传染会一直持续到金字塔的最底端。而最弱小的那个会因为找不到发泄对象，而成为最终的受害者。显而易见的是，"踢猫"效应就是一个坏情绪传染的怪圈。

生活在这个社会的我们，时刻身处各种高压环境中，让我们心力交瘁、烦躁不堪，甚至被困于负面情绪而不自知。一件很小的事情就会成为坏情绪的导火索，并迅速蔓延开来。我们被人"踢"，也会"踢"别人，不知不觉，已经身处"踢猫"怪圈中不能自拔。

归根结底，我们选择相对弱势的群体去发泄心中的怒火，是因为我们对自己被"踢"的原因没有一个正确的认识。简单来说，我们没有意识到自己的错误，所以才会进一步把坏情绪传染给不相干的人，从而激发更大的矛盾，甚至造成不可挽回的损失。

这种坏情绪的蔓延百害而无一利。当我们习惯性地把工作中的坏情绪传递给无辜孩子的时候，只会产生两种结果，性格偏强的孩子会反抗，并下意识地模仿这样的做法，久而久之就变成"踢猫"的始作俑者；而顺从的孩子则会表现出怯懦、没有自信、缺乏安全感等。原生家庭对孩子的性格塑造起到很重要的影响，所以每个人都应该在潜意识里告诉自己不要成为传染坏情绪的"踢猫"人。

同事周琼是个直肠子，对工作认真负责，从来不会敷衍塞责。但是马有失蹄，人有失足，偶尔的工作失误也是不可避免的。尤其是现在企业老板都奉行"精益求精"的原则，所以提案被要求反复更改也是常有的事。

有一次，偏巧赶到快下班的点，她被老板喊到办公室，两人因工作的事在争论，各执己见，难分伯仲。周琼从办公室出来的时候大家基本走光了。我还差个工作要收尾，所以还没下班。她满脸愠色，气呼呼地走到工位上，冲我撇撇嘴说："真搞不懂他到底要什么。"这时她的电话响起来，电话那头传来稚嫩的声音，是她女儿打来的，问她什么时候回家。她就像变脸一样，很温柔地告诉孩子，马上就能下班回家陪她了。

同事小齐则是个阴晴不定的主儿，一件很小的事，就能让她万念俱灰，或者让她心花怒放。我们都说她是属狗的，脸说变就变。可想而知，她的女儿就没有那么幸运，对孩子的态度完全取决于她当天的心情，话里话外也透露着不耐烦。

天气不错的时候，我们几个总相约拖家带口一起出去玩，也比较热闹。我作为旁观者，看得清楚明白，这是两个截然不同的家庭。周琼一家温馨和睦，她老公对她和女儿很是体贴，孩子既自信又懂事；而小齐一家正相反，她很强势，老公和女儿明显已经习惯被"欺压"，再小的事都对她言听计从。一旦发生原则性的争执，两个人就马上翻脸。有一次赶上夫妻俩生闷气，女儿的冰淇淋不小心蹭到裙子上，小齐马上发火："你怎么这么不小心啊！怎么什么事都做不好！"小小的孩子显得那么手足无措，眼神里尽是委屈。

我们私底下也会交流家庭琐事，小齐很羡慕周琼，总是说："我老公有这么贴心就好了。"每次周琼都会说："你也该改改你那脾气了。"原来，周琼和老公商定，不管在工作上遇到什么不愉快，都不把坏情绪带到家里，带给孩子。这也是他们一家温馨和睦的原因所在吧。

或许我们中的大部分人都很少能做到像案例中的周琼那样。我们更像小齐，控制不住自己的情绪，下班回到家里，身心疲惫，面色苍白，两眼无光，随时可能"爆发"。我们把最好的一面展现给外人，却把最负面的情绪展现给家人，使他们成为无辜的受害者。

我们总是肆无忌惮地把坏情绪发泄到家人身上，因为家人的包容，还会显得更加放肆。除了家人之外，还有朋友、恋人。长此以往，你将失去他们所有人的心。那怎样才能不做"踢猫"人，不做坏情绪的终结者呢？

首先，我们应该坦然接受自己的坏情绪。

一般情况下，我们面对坏情绪的做法，就是想要改变它，甚至扭转它，这说明我们在心理上抗拒它。其实很多事情都不是永恒的，情绪也一样，好情绪不会一直都在，坏情绪也不会总赖着不走。总有拨开云雾见月明的一刻，你只需要坦然接受它，然后静观其变。

其实，我们不能保证自己不被"踢"，但必须保证不"踢"别人。

鲁迅曾说："勇者愤怒，抽刀向更强者；怯者愤怒，却抽刀向更弱者。不可救药的民族中，一定有许多'英雄'，专向孩子们瞪眼。这些孱头们。"当今社会人人焦虑，我们谁都不能幸免，但我们不能做专向弱者瞪眼的"英雄"，从此刻起，让坏情绪在你这里终结吧。

最后，当然还是读书。

这里有必要引用杨绛先生的一句话——"你的问题在于读书太少而想得太多。"我们的问题在于，读书不多而火气太大。读书是解决很多问题的办法，在无形之中还会开阔我们的心胸，从而加强我们消化负面情绪的能力，这样坏情绪的多米诺骨牌在遇到你的时候就会戛然而止。

别让坏情绪破坏该享受的生活

亚里士多德说过："所有人都会生气，因为生气是件容易的事；可要在适当的时候，用适当的方式，对适当的对象恰如其分地生气，那就是难上加难了。"

生活中，我们总会不自觉地被情绪牵着鼻子走，最后将自己和别人的生活都搞得一团糟。试想，整日被情绪左右的生活只能算苟且凑合，还如何与品质感沾边呢？

　　情绪，说白了就是我们对某件事的主观认知和感受。遇到出乎意料的事情，我们会惊讶或惊喜；遇到有损利益的事情，我们会伤心或愤怒。遇到好事，我们会开心；遇到坏事，我们会悲伤。当不如别人时，我们可能会嫉妒；当高高在上时，我们可能会骄傲。

　　从整体上看，人们遇到情绪时会有两种反应：第一种，任由情绪发展，大喜大悲、大笑大怒。这样"不淡定"的人群，往往会被情绪支配，遇事冲动，行事失控；第二种，"忍者神龟"，喜怒不形于色。但是别忘了，"忍"字头上一把"刀"，如果一味压抑情绪，不仅会憋出内伤，给身体造成伤害，还会导致"忍无可忍，无须再忍"的情绪大爆发。

　　其实，情绪并非坏东西，也没有什么见不得人的。大家都喜欢幸福、喜悦等情绪，排斥悲伤、愤怒、嫉妒等情绪，殊不知这种排斥会让不良情绪"越挫越勇"。

　　刘玉跟男友逛服装店时，发现男友有意无意地看了漂亮的导购员一眼，于是刘玉醋意大发，不依不饶地问男友："你是不是喜欢她！你嫌我丑是吧？那好啊，分手，我们完了！"

　　刘玉男友有些尴尬，赶紧说道："我哪有看人家，你不要胡说！"

　　刘玉生气地吼道："什么没有？我看你盯着她看了好几次！你就喜欢这种'野花'，是吧？真是不要脸。"

女导购员一脸尴尬，男友也忍不住提高了声音："你有完没完？好，你不是就想分手吗？分就分！"说完，男生把刘玉扔在店里，一脸愠怒地扬长而去。

刘玉气呼呼地跑回家，跟闺蜜哭着诉苦："那个渣男跟女导购员眉来眼去，我说他，他不但不听，还把我扔在店里就走了。我当初真是瞎了眼，怎么会看上这种人！"

闺蜜用手扶着她的肩膀安慰道："不至于吧，我看你男友不像那种人，是不是有误会？"

刘玉正在气头上，听见闺蜜不但不帮自己，还帮着男友说话，顿时气不打一处来。她一把拍掉闺蜜的手，不满地说道："你是我朋友还是他朋友？我亲眼看见的，还能有假吗？你这么护着他，不会你俩也有一腿吧！"

话一出口，刘玉就后悔了。果然，闺蜜一听这话立刻站起来："你说什么呢？有你这么侮辱人的吗？"说完也扬长而去了。

例子中的刘玉遇到问题时，只会任由情绪牵着鼻子走，这样的结果就是让自己和身边的人都沉溺在负能量的海洋中。

当刘玉发现男友偷瞄女导购员时，如果换一种方式，略带撒娇地小声说："我觉得我也很好看呀。你一直盯着她看，我会吃醋的。"相信结果会完全不一样。

嫉妒是一种正常情绪，恋爱中的女生都希望自己是对方心中唯一的公主，但如果使用刘玉的方式维护自尊、讨要说法，最后的结果只能是彼此伤害，一拍两散。

当我们放弃恶语相向时，就会让冲突停止升级。刘玉原本的目的，就是让男友知道自己吃醋了，想男友哄回她。如果她能用温和的语气把想法直接表达出来，结果会比恶语相向有效得多。

小南跟小方是好朋友。小南喜欢时尚元素，经常把自己打扮得花枝招展；而小方比较朴素，从来不把钱花在打扮自己上。

某天，小方提前下班回宿舍，还没走到门口，就听见屋里有人跟小南聊天。小南嗤笑地对别人说："小方长得没我漂亮，还是土包子一个。你见过哪个二十多岁的女生像她那么土？"对方也笑道："是啊，小方真是咱们公司最土的女生了，亏你跟她关系这么好！"小南语气里充满不屑："你懂什么啊，跟她那种土包子在一起，男生们才会觉得我更漂亮。"

小方在门口听着两个人的谈话，非常伤心，也非常生气。她很想推门进去大声质问二人，但平日里，小方在小南面前自卑惯了，又想到大家都是同事，撕破脸以后也不好相处，只好忍气吞声。小方在门口站了好久才敲门进去，假装什么事都没有发生。

从那时起，小方就有意疏远小南。上班的时候，小南让小方帮忙做表格，小方以太忙为理由拒绝了。小南不满地说："平时不一直是你给我做的嘛！"小方忍了忍，还是给小南做了表格，然后又帮她打饭、带饭，做了很多事。

一天快下班时，小南站起来，对小方随口说了句："帮我拿下包，我戴个丝巾。"小方忍无可忍，一下子爆发了："你怎么都让我帮你做啊！你自己没长手啊！"

小方吼完，办公室里的人都奇怪地看着二人，一个男同事小声说道："没想到她脾气这么大，帮小南拿下包怎么了？还好朋友呢……"

看着议论纷纷的同事们，小方一肚子苦水却不知道怎么诉说，只能再次将火憋到心里。

相比第一个例子的"活火山"刘玉，小方就是典型的"忍者神龟"。她吞下了所有的负能量，就像个情绪垃圾桶。当垃圾塞得过多时，就肯定会溢出来。而她平日里忍气吞声的好形象，也会在爆发的一刹那毁掉。

可以说，刘玉和小方都无法活出生活的品质感，因为她们用了太多时间与情绪"打太极"。一个整日被情绪耍得团团转的人，哪还有精力享受生活呢？

看到这里，不少读者也许会想：我被情绪牵着走不对，我忍气吞声也不对，那我应该怎么做呢？很简单，只要三个步骤，就能让你控制情绪，重新找回高质量的生活。

第一，接受情绪。这里说的接受情绪，并不是让你像刘玉一样被情绪支配，而是要知道，情绪靠忍是没有用的。不要惧怕感受情绪，只有感受情绪，才知道如何控制情绪。

第二，确定情绪。在接受情绪后，你要确定自己的情绪究竟是什么。比如刘玉，当她发现男友偷瞄其他女生时，要确定这种情绪的根源是生气，还是难过，还是嫉妒。只有知道自己为什么生气，才能"对症下药"，从根本上解决问题。

第三，得失对比。在情绪爆发前问问自己：做这个决定值得吗？我会获得什么，又会失去什么？就像小方，当她听到小南说自己坏话时，如果推开门进去"撕破脸"，失去的不过是个利用自己的人；而忍气吞声让这件事过去，就会让自己在明知对方为人的情况下继续为其服务。当她忍不下去时，还会在整个办公室的人面前丢掉自己的形象，而小南却毫发无伤。一番对比后，相信你就会做出最优选择。

人人都有情绪，人人都有喜怒哀乐，不同的是，我们掌控了控制情绪的秘诀。若想让生活更有品质感，就要学会了解自己的情绪，只有支配自己的情绪，才能不被负能量破坏美好的生活。

拒做牺牲自我的"海绵人"

说到"海绵人"，大家自然会问：这和动漫《海绵宝宝》里的主角有什么关系？不得不承认，他们还真有一些共性，记得《海绵宝宝》里有一集讲的是，海绵宝宝为了给朋友带来欢乐，一味地模仿他人。他还做了很多自己并不擅长的事情，比如举重，还为此撑破了裤子，最后不得不在哄笑声中沮丧地退下去。

后来他贸然尝试自己并不擅长的沙滩排球，依然招来同伴们肆无忌惮的嘲笑。他的一次次失败，甚至招致海底居民的嫌弃，他很想融入群体，却在适得其反的路上越走越远。他反复寻找自己身上存在的问题，然后再次不顾后果地尝试，结果依然不能达到预期。

在日常生活中，"海绵人"是一种让人看起来完美到无懈可击的人。看起来完美是因为这类人在处理人际关系的时候，总会下意识地牺牲自己，讨好别人。他们不是不爱自己，也会为自我牺牲感到苦恼，但这种苦恼仍不能阻止他们取悦别人，于是就这样深陷其中，把自己有限的时间都"慷慨"地送给了别人。

我们小区里有一个位置很好的长廊，夏天的时候会爬满翠绿的爬山虎，冬天的时候又可以恰到好处地避风、朝阳。正是因为冬暖夏凉的优势，这个小小的长廊成为一众妈妈的"根据地"。每逢假日，总会有一群孩子在这里追逐打闹。

其中有一个男孩，叫成成，他看起来永远那么"安静"。很多妈妈都夸他很乖，都说男孩这么懂事的真是少见。就连成成妈妈都说，这孩子一定是投错胎了，不像男孩，倒像个贴心的小棉袄。

人多了就热闹，有些好表现的家长就会让孩子表演背诗啊、跳舞啊。成成在妈妈的一再鼓励下，终于下决心要唱首歌，他没有站到人群里，而是依偎在妈妈身边。在众人的注视下，他的小脸憋得通红，唱歌的声音也很小。我侧着耳朵听了好久才听出来唱的是什么。后来他好像忽然忘了下一句是什么，大家都笑着给他鼓掌。不知是谁说了一句"忘词了"，我看到他的脸更红了，眼泪已经在眼眶里打转，但很快又憋了回去，好像担心哭声会引来我们的不快。

还有一次，雨后的地面上有一洼洼的积水。爱玩水本是孩子的天性，男孩女孩都在水坑里蹚过来、跳过去。成成也跃跃欲试，妈妈却说："一会儿全身都得湿了，回家会肚子疼的。"不仅如此，成成妈妈转过头来跟我们说，有一次也是雨后，奶奶带着成成出来，结果成成回家都成了个泥猴，衣服脏得都不能放洗衣机里洗了。我们另外几个人只能面面相觑。

后来，有很多次这样享受水上欢乐的机会，成成都不为所动，他说："他们都不乖，衣服和袜子都湿了，我才不要玩水。"

看得出来，成成一只脚已经迈进"海绵人"的泥沼里，他很善于观察大人的脸色，也很在乎大人对他的看法，因而表现出了过分的乖巧，而这恰恰也透露了孩子的敏感、自卑和没有主见。或许他真的很喜欢跳水坑，但因为太过在乎"乖孩子"的这个称号，所以克制自己不去享受快乐。他的情绪也容易被大人所左右，伤心了不敢哭，因为这可能会招致大人的厌烦。

我不禁开始同情这样的孩子，在本该享受无忧无虑的童年时光的年纪，就过早学会了"自我牺牲的精神"，岂不让人心疼？其实他们这样的表现，恰恰说明他们迫切需要来自父母的关爱和关注。他们甚至会认为，只有当自己表现得很乖的时候，才会得到爸爸妈妈的爱。

蒋方舟在《圆桌派》中提到因为太希望别人喜欢自己，而使自己一度成为一个善于谄媚的人。我们都希望自己是一个"讨喜"的人，深处社会洪流，我们迫切地想要得到上级的认可、朋友的关注，我们希望自己可以达到所有人的标准，我们从不提反对意见，更不会和任何人发生争吵，尽最大努力避免一切不愉快的发生。

但在这个过程中，我们没有自己的想法吗？没有自己的情绪吗？事实上并非如此。为了看起来很美好，为了取悦别人，我们牺牲了自己的情绪和时间。

我们都是独立的个体，对人、对事都有自己的认知和看法，如果一味地讨好别人，只会让别人觉得我们没有主见。更糟糕的是，你在成全别人的时候，自己的身心也承受着极大的沮丧。

首先，你在别人的生活中并没有那么重要，你的生活更需要你做自己。

每个人都有自己丰富多彩的生活，你也不例外。很多经历告诉你，对于他人的生活而言，你不是主角，只是个过客，没有人会太在意一个过客的牺牲，所以，你更应该扮演好自己在生活中的角色。

其次，学会尊重自己的想法和意愿。

不必像惊弓之鸟一般，更不必太在意他人的眼光。找回丢失已久的自信心，告诉自己，没有什么比自己的感受更加重要，面对不喜欢的人和事，更要大胆地说"不"。

我们都要向"海绵人"说不，因为那不是出自我们的本心，那是毫无意义的自我牺牲。长此以往，会让我们患得患失，更会让自己感觉身心俱疲。人生苦短，难道我们不应该把有限的时间花在无限的自我实现上吗？换句话说，你的完美应该体现在自我实现的过程中，而不是取悦他人，而且，也没有任何人值得你为其浪费时间。

挑他人的刺前先拔掉自己的刺

有位哲学家说过："想要挑刺的人，即使在天堂也能找到刺。"这说明什么？"刺"是普遍存在的？我想不是吧，或许应该说是欲加之"刺"，何患无辞才对吧。

不知道大家注意过没有，我们身边有一些人，他们总是习惯性地否定别人，不管你提出什么见解，他们都是下意识地回答："不，其实不是这样。"

举个例子，当你兴高采烈地和你的朋友分享最近新收入播放列表的一首歌时，他会说："听起来也不怎么样，你的耳朵是不是出什么问题了？"你在网络热帖中看到一个美女，然后你像发现新大陆一样迫不及待地想要跟他分享，他会说："这人工整形的痕迹太明显了，你看这尖下巴，都能戳死人了。"

没错，他们就是"专业"挑刺的人，对于你说的一切，他们都有着一套自认为颇有见地的理论，仿佛他们理所当然地就应该站在高处指摘别人的不是。他们眼里、心里都只有自己，对于别人的闪光点，他们却选择视而不见、听而不闻。

这类人总是在一味否定别人的过程中麻痹自己、肯定自己，甚至还自鸣得意。其实这往往暴露了他们善妒的本性，他们往往看不得比自己更优秀的存在，所以就会告诉你，也告诉自己，一切都是不存在的。他们已经习惯做"红花"，而任何花骨朵都会被他们当作假想敌。

除此之外，一再挑刺，还在无形中暴露了一个人的自卑心理。自卑一般表现为不自信。但有时候，过于自信也是一种自卑，他们很希望得到别人的认同，也希望在人群中获得优越感；他们无法充实自己，只能依靠挑刺来取得博人眼球的效果。

在人际交往的过程中，我们都希望被肯定。举例来说，就算我这个提案做得再糟糕，再一无是处，一个聪明的领导至少会先肯定我对待工作的态度，进而指出不足。这样的话，至少我心态上是平衡的，也会虚心接受这次教训。但如果领导只是一味地否定我的工作，也否定我这个人，不仅无益于工作进展，还会让我给这个领导打上否定的标签。

事实上，爱挑刺的人永远和好人缘无缘，宽容的人会对他们敬而远之，而同类的人狭路相逢，不是难分伯仲，就是勇者"胜"。

我不仅感慨，当你越是在乎一件事的时候，就越达不到预期的效果。爱挑刺的人想要获得"万众瞩目"的追捧，但结果偏偏是人去楼空，独留他一个人享受孤独。他像一只受了惊的刺猬，那些刺看似铠甲，把他保护得天衣无缝，事实上，它们除了暴露出其弱势地位，还会令充满善意的人对其敬而远之。

在挑别人的刺之前，是不是应该先拔掉自己的刺。看看那些刺吧，有的代表你的攀比心理，有的昭示着你的自卑心理，还有的就是赤裸裸的嫉妒心理。如果能摒弃这些负面心理，以正确、平和的心态来看待周围的人和事，那么一切都会有意想不到的改变。

同事马强是办公室公认的"杠精"，不管你提出什么意见或者建议，他都能在鸡蛋里面挑出骨头，然后把你的想法一票否决。而且他有自己独特的"气场"，就是在论述自己观点的时候，言之凿凿。开始的时候会让你感觉他说的就是对的，但时间长了，你会发现，他的观点总是那么激进，有时候还会让你感觉像吃了十个柠檬一样"酸"。马强盛气凌人的样子已经让办公室所有人都拒绝和他交流，至少心理上是这样的。

在一次偶然的聊天中，可能是无心，也可能是有意，他谈到高中时，他的父亲因为车祸不幸去世了。他是家里的长子，还有一个妹妹，出了这样的意外，妈妈和妹妹就只会哭，而他成为家里唯一的男人，所以他一滴眼泪都没有掉。他说这些话的时候也表现得风轻云淡，就像在说别人家的事一样。

他很在意自己的形象，可以说是个很有生活品质的"大"男人，对生活标准的要求，苛刻到连我们几个女同事都深感汗颜。他时不时会给自己弄个很时髦的发型，发胶是每日必备。午休时，我们都是趴在桌上睡。他有自己的折叠床，睡前还会拿出香水在床上空喷两下，下班出门前也会喷。不仅如此，即使偶尔坐公交车回家，也不例外。衣服的颜色搭配也是很讲究的，米色 T 恤配焦糖色休闲裤，再加一件军绿色棒球服，可以说很养眼。

他自己是一个完美主义义者，所以对我们几个"猪猪女孩"的穿衣打扮总是颇有微词。王菁是个 90 后小女生，长相甜美，身材凹凸有致，有一双笔直的大长腿，按说是天生的衣架子，穿什么衣服，效果都堪比模特。有一次，王菁穿了一身像篮球宝贝那样的衣服，上衣是宽松白色 T 恤，下面配的是黑色 A 字超短裙，配上荧光粉色的过膝袜，脚踩一双黑色帆布鞋。马强立刻发表"高见"："你这身行头看起来真是 low 爆了，一点美感都没有。走在路上，回头率一定很高吧？回头的不是高富帅，怕都是一些'屌丝男'吧。"王菁气得一个星期没跟他说过话。

其实像这样尴尬的冷场，几乎每天都会在办公室里上演。马强总是把自己的主观意向当作评判别人的标准，而且经常出语伤人。他的"毒舌"，让所有人都很难跟他正常沟通。

我想也可能是他父亲的那场意外，让他在心理上受到了一定的创伤。那时的他不过是个孩子，却要担起那个年纪本不该承受的压力。他已经习惯用言语上的咄咄逼人来掩护卑微的内心，认为这样可以让自己取得心理上的优势，让自己看起来底气十足。

事实上，他的内心并不强大，总是习惯性地忽视自己的不足。当发现有人比自己强时，他首先做的不是加强自我，而是把对方当成假想敌一样挑剔，甚至否定。

我想，作任何评判之前，都应该摘掉自己的有色眼镜，并以一颗宽容的心去看待身边的人和事，这才是品质生活该有的样子。

让心中的火优雅地散作满天星

时间：晚上 8 点

地点：家里

经过：

妈妈："对，就是这个意思，抓紧写啊！"（和颜悦色）

半小时过去了。

妈妈："哎呀，我的祖宗啊！别抠指甲了！快点写作业！"（颇有愠色）

孩子：……

妈妈："这道题我都教你多少遍了？怎么还不会啊？"（火山爆发）

孩子：……

妈妈："8点就开始写作业了，这都两个小时了，数学作业还没写完，你怎么这么磨蹭啊？"（地动山摇）

孩子：……

爸爸："孩子写作业，你别那么大火气啊。"

十分钟后……

爸爸："再不会做，信不信我拿鞋拍你！"（手握拖鞋）

不知道你有没有经历过这样的崩溃，上一秒还是母慈子孝的场景，下一秒就会因为辅导家庭作业而变得鸡飞狗跳。给孩子辅导作业，被誉为当今社会一项最新的"高危职业"。

因为家长在给孩子辅导作业的时候，说话分贝不自觉就提高了，接着血压随之升高，即使心里连续默念三遍"亲生的"，也无法阻止胸中那团呼之欲出的火。

归根结底，辅导作业本身并没有什么问题，有问题的恰恰是我们自己。我们没有办法控制自己不断累积的怒火。不妨扪心自问一下，这团火的火种真的是辅导作业种下的吗？

我想不尽然吧。你可能今天刚好在工作上遭遇了不顺，也可能对明天将要进行的演讲感到颇有压力，甚至可能因为随便一件不怎么开心的事情，早已把小小的火种隐藏在内心深处；而辅导作业只是充当了导火索的角色，让你彻底失去理智。你的情绪已经处于崩溃的边缘，再也无法控制。

不难发现，不管你多么愤怒，也不管你怎么怒吼，更不要说你手里还握着颇有震慑作用的拖鞋，孩子的作业不会还是不会，完成作业的速度也丝毫没有提升。不仅如此，你的一系列行为还可能狠狠地伤害到孩子的自尊心。因此也有人说，辅导孩子写作业是 21 世纪最伤亲子关系的事情之一。

辅导孩子作业时的怒发冲冠，只是我们情绪失控时一个小小的缩影，更确切地说只是一个方面。面对生活和工作的压力，我们总是不自觉地积攒很多负面情绪，而这些情绪就像是不断在拦河大坝处汇聚的水流；而大坝就是我们的心理防线，或者说是我们的理智。一旦这个最终的防线坍塌了，那么所有积压起来的坏情绪就会像洪水猛兽一样，将我们及身边的人无情地吞没。

就拿辅导作业来说，怎么样才能让事情朝我们预想的方向发展呢？相比一再忍耐、任情绪积压，我们可以选择正面引导的方式来展开。现在的孩子普遍很有主见，而我们在和他们沟通的过程中往往忽略了孩子的主体地位，一味地把自己的想法加到他们身上。

当我们想严肃地说："好了，到时间了，马上去写作业。"不如语气平和地说："你有权决定自己写作业的时间，可以选择现在马上去做，或者半小时后去做，但是九点可是我们约定好的睡前故事时间，你可别忘了啊。"这样就给了孩子充分的自主权，当他在自我驱动力的作用下去做这件事的时候，效率自然会有显著提升。

当我们气急败坏地说："真是笨死了，讲了八百遍也记不住，真不知道随谁了。"不如和颜悦色地说："这道题怎么这么难呢？让我们一起来看看到底是哪里出了问题。"前者无形之中会让孩子处于极度不安或是极度逆反的状态，反而不利于问题的沟通和解决。后者则让孩子处于平等放松的状态，然后逐步找到问题的症结所在。

其实，很多人都明白情绪的崩溃，会给我们带来毁灭性的后果，也会时常在心里一遍遍地暗示自己"必须要控制住情绪"。但依然无效，最终我们还是不自觉地被情绪所左右，继而丧失思考的能力和最基本的判断力。

周末早上，吃完早饭的明明帮妈妈收拾桌子，他想把没喝完的牛奶放回冰箱里。可是这个装牛奶的瓶子对六岁的他来说实在是有点大，他两只手都用上了，还是没能拿稳，只听"哐当"一声，牛奶全都洒到地上。

这时候，妈妈走了过来。明明很内疚地站在那里，小脸通红，显得有点不知所措。妈妈却说："没关系，我知道你不是故意的，这个瓶子对你来说太大了。"为了安慰受惊的明明，妈妈还给了他一个拥抱。

然后，妈妈又说："既然牛奶洒了，你现在想要跟它们玩一会儿吗？"明明点点头，接着他拿来了蓝色的颜料，还有彩色的卡纸。妈妈也加入到他的行列，帮他做了很多纸船。他则把颜料恰到好处地混合到牛奶里，再把纸船放在上面，那作品简直美极了。那天上午，他们玩得很开心。

最后，妈妈对他说："现在牛奶已经完成它的使命。既然牛奶是你洒的，那么现在到你把它们打扫干净的时间啦。"话音刚落，明明就跑去找来抹布和盆子，干劲十足地把地上的牛奶擦干净了。

长大后的明明在事业上颇有建树，在一次公开采访中，他给大家讲了这个故事，并坦言，他的成功很大一部分是源于小时候妈妈对他的宽容和理解。

面对洒掉的牛奶，妈妈并没有就此发飙，而是选择用微笑和宽容原谅了本就羞愧难当的明明，也因此成就了这个孩子。

其实我们每个人心中都住着一个天使和一个魔鬼，天使代表美好的我们，而魔鬼则代表情绪和理智失控的我们。我们都想把天使的一面呈现给他人，但在社会中扮演各种角色，有时候却不可避免地经历情绪的崩溃，这也曾让我们的生活变得极度不和谐。我们不想沦为情绪失控的牺牲品，也不想成为孩子眼中暴躁又疯狂的魔鬼。

当坏情绪的大火来袭时，我们究竟该怎么做？在这跟大家分享几点。

首先，告诉自己冷静下来。

做个深呼吸，让自己冷静一分钟，或许那句伤人的话就不会被说出口。

有这样一个故事，一对邻居因为一些鸡毛蒜皮的事吵得面红耳赤，出口成"脏"，几个回合后依然吵得不可开交，最终决定找村里很有名望的一位老人来评理。老人说："我今天没时间，你们明天再来吧！"可是第二天，这对邻居再去的时候，发现自己并没有那么生气了。

其次，对待他人多点宽容和理解。

雨果曾说："世界上最宽阔的是海洋，比海洋更宽阔的是天空，比天空更宽阔的是人的胸怀。"宽容的人一定拥有强大且善良的心灵，没有什么怒火是宽容和理解所不能浇灭的。

最后，明确负面情绪的来源，并及时疏导。

人都有七情六欲，要面对生活和工作的压力，我们难免会与负面情绪不期而遇，我们要做的不是回避它，或者假装它不存在，而应该明确究竟是什么让你郁郁寡欢。最不可取的做法就是，任由坏情绪的魔鬼不断壮大。我们不能假装它不存在，而是应该在它还很小的时候就将其"消灭"，你可以去跑步、去旅行，或者品尝一份美味的甜点。及时疏导小的负面情绪，真的很重要。

疏导情绪从来不靠忍

生活的快节奏、高压力，以及我们角色的多样性、交叉性，常常使我们猝不及防地与一系列负面情绪撞个满怀。

打扮得美美的，想要和男朋友出去吃饭，餐厅服务员的散漫无礼无意中点燃了你的"火点"，于是毁了一场美好的约会。

新接手的工作看起来毫无头绪，领导给的资料看不懂、记不住，创意方案也提不出，久而久之，陷入一个焦虑的死循环。有时候，甚至老天阴着的脸都能影响我们的心情。

面对诸多的负面情绪，我们很多人并不会真正地表达自己的感受，他们或许会选择以争吵等彼此伤害的方式来发泄自己，或许会选择一味地隐忍自己的负面情绪。

有关研究表明，一味地隐忍自己的负面情绪，长此以往，会让自己在不断怀疑中逐渐不再相信内心感受，或者直接忽略内心的真正感受，直到否定自我，严重者还有可能发展成抑郁症。

但是我们中的大部分人，只能做到忍一时，当情绪积压到一定程度时，就会如洪水决堤、火山爆发一样，以不可挡之势向周边的人袭来，从而在不同程度上对亲子关系、夫妻关系、同事关系等造成一定的伤害。

最近有一个来访者小优向我倾诉了她内心的真实感受。

她是一个全职妈妈，说她感觉自己有抑郁症的前兆。她不想外出，早上也没有起床的动力，对所有事情都提不起兴趣，经常会不自主地朝孩子发火，然后内心又很自责。她知道应该好好照顾孩子，让孩子在小的时候感受到爱。但她就是忍不住，每天一个人在家带孩子的时候，情绪就会莫名其妙地变得沮丧，然后还及时告诉自己，必须尽最大努力去做一个好妈妈。

最重要的是，小优透露，每次跟老公提出想要出去工作的时候，就会被认定那是"对孩子不负责任的表现"。他们为此争吵过很多次，每次都无疾而终。

她现在最直接的感受就是"老公否定了自己对这个家庭付出的努力，为家庭和为孩子牺牲自己的个人价值，根本就不值得"。但她又不能狠心抛下孩子，毅然决然地去上班。

选择成全家庭还是成全自己的问题已经困扰她很久。手心手背都是肉，她就这样被困在愤怒、沮丧和对孩子的愧疚中，久久难以自拔。

小优的"遭遇"是很多家庭主妇都曾经或者正在经历的困局。其实她们对家庭的付出，何尝不是一种个人价值的体现，是什么原因使得她们一致认为对家庭的付出就是牺牲呢？我想可能是因为社会偏见，最大的可能是因为老公的不理解，他们总认为带孩子是容易的事情，而出去工作的他们才是名副其实地在为这个家"添砖加瓦"。正是由于这点，才使得很多全职妈妈陷入负面情绪的包围圈，严重的甚至让家庭关系一度处于崩溃边缘。

曾有研究表明，第一次世界大战之后，那些得以重返故土的士兵，却很难再与之前有亲密关系的家人或朋友重拾昔日的亲密无间。那是因为他们在战场上面对了太多的死亡，强行压抑内心的恐惧、悲痛，这些情绪很长时间没有得到有效的调节，导致他们已经无法再和任何人建立亲密的联系，哪怕是曾经的亲人。

压抑负面情绪，真的不是明智之举。那么究竟怎么做，才能正确地表达和疏导我们的负面情绪呢？

有一天，苏威请假陪生病的妈妈去医院看病。医院里人山人海，苏威看了就不免皱起眉头，跟妈妈说话的语气里充满不耐烦。

挂号窗口很多，但每一个窗口前面都有一条长龙似的队伍，他选择了一个人相对较少的队伍。可是排了一会儿，发现其他队伍里，刚才跟自己处于同一位置的人现在已经比自己的位置靠前了四五个人。他嘴里嘟哝着对挂号人员的不满，愤愤地排到了"较快"的那一队。过了一会儿，他又发现自己之前所在的那队有了显著的"进展"，于是开始后悔自己不应该调队。但那一队看起来，人还是相对较少，于是又换了回去。来来回回换几次之后，他发现所有的队伍都没有那么多人了，而他是最后挂到号的一拨儿，心中积压的愤怒已经快要到达极点。

挂号之后，苏威带着妈妈去了门诊。人依然很多，需要排队，他一再压抑内心的愤怒，心里还在抱怨当今社会医疗卫生体系不健全、医院管理不完善等，结果越想越愤怒。后来，在陪妈妈做抽血检查时，因为医生的一句"怎么不提前把袖子挽好啊，后面那么多人等着呢"，苏威情绪爆发了，和医生吵起来。

后来，他向我们讲述这次"医疗事件"时说道："请半天假，这个月的全勤奖金就没了，工资得扣，工作还得往后推，真是不让人活了。"

由此可以看出，苏威最初的负面情绪是来自"请假扣钱"，加上担心妈妈的身体，所以不得不去医院。而这种矛盾纠结的心理，经过在医院一连串的"不耐烦等待"之后，才最终得以彻底爆发。

首先，让自己头脑冷静地看待客观事实。

妈妈生病是不可否认，也不容忽视的事实，挣钱固然重要，但妈妈的健康比挣钱更加重要；关于医院的现状，我们在无法改变客观环境的前提下，只能接受它，并耐心地适应它，否则只能是给自己找气受。还有很重要的一点就是要学会换位思考，工作岗位上的医生也十分不易。

其次，坦然接受自己的负面情绪并准确描述自己的感受。

苏威是一个典型的不会正确表达内心感受的人，或许这种不会表达的根源要追溯到他的原生家庭。其实他只要在潜意识里告诉自己，妈妈生病我很担心，请假既耽误工作又减少收入，实在让人心痛，但这只是我的个人情绪，和医院的拥挤无关，也和妈妈无关。或许他还可以适当地向妈妈表达自己的内心感受。

除此之外，还有两点也是非常重要的，一方面要准确表达自己的需要。

当我们不被家人理解时，不要让自己一个人承受委屈，我们可以明确地表达内心的需要，它或许是"一个拥抱""一个亲吻"，又或许是一顿大餐等。

一个朋友前几天给我讲了一个"笑话"，说她老公前几天说想吃西红柿炖牛腩，然后她说明天去超市买，结果一拖两拖。她老公开始借题发挥，两人因此闹得非常不愉快，最终结果更让人啼笑皆非，她老公说："是因为一直没有吃到想吃的牛肉，心里早就憋着火了。"

准确表达自己的需要，并及时满足该需要，是避免负面情绪积压的一个很好的途径。

另一方面，不要忽略自己内心的想法，提出至少三个可以让自己开心起来的想法。

当不开心时，不要让别人去猜怎样才能让你释然，那大多数时候都只能让你更加郁闷。不妨在内心预设三种方法，并明确地告诉对方或者自己，哪怕只是想吃一个冰淇淋，只要能让你将不快抛诸脑后就可以。

为真实的自己摘掉"微笑面具"

Maisie，英国一个 16 岁的少女，典型的"微笑抑郁症"患者，在 2017 年 6 月以自杀的方式结束了年轻的生命。

Maisie 生前是所有人眼中可爱的"乖乖女"，她总是那么开朗活泼，学习成绩优异，从来不需要父母担忧，笑起来那么灿烂。她的自杀出乎所有人的预料，更令她的父母无法接受："她这么开朗、活泼，怎么可能会是抑郁症患者呢？"甚至不久前，他们一家还在开心地讨论暑假去希腊旅行的计划。

他们在为 Maisie 整理遗物的时候，却不得不接受这个现实。他们发现 Maisie 的书中有一个书签，书签正面写着"I am fine"，就像他们平时看到的她那样美好。可是，令他们始料未及的是，书签背面却用同样的字体写着"Help me"。

可以看出，微笑抑郁症患者往往不像普通抑郁症患者看起来那样萎靡、悲观，拒绝与人交往，对新鲜事物缺乏兴趣。微笑抑郁者常常带着"微笑"的面具，以掩饰自己内心的悲观。

他们不会每天把自己关在房间里面，拒绝与人交往，恰恰相反，他们看起来甚至比正常人拥有更好的社交能力。他们脸上的微笑传达给别人的是"我很好"，在热闹的人群中笑得肆无忌惮，可心里却悄悄地和抑郁大战了几百个回合，时刻在呐喊着"救救我"。

微笑抑郁症比普通抑郁症具有更大的危害性。因为对于微笑抑郁者来说，他们的笑不仅是掩护自己的武器，更是刺伤自己的利刃。他们就像是一群隐形的病人，直到以自杀的方式结束自己的生命，我们都不能相信曾经爱笑的那个人居然是抑郁症患者。这一点，从我们得知死讯的反应就能看出来，"这不可能，我不知道他正在经历痛苦的煎熬。"

我们很难相信白天对你笑脸相迎的人，会在晚上崩溃地哭泣，更不知道，他们每天都在经历痛苦的煎熬。正是由于该病的隐蔽性，让周围人很难第一时间觉察到他们的异样，所以结果往往不仅贻误了治疗的最佳时机，更不能在他们走向死亡边缘的时候施以援手。

喜剧大师卓别林，在一定程度上奠定了现代喜剧电影的基础，他给我们带来了数不清的欢声笑语。鲜为人知的是，一代喜剧大师却被抑郁症困扰了一生。

他很小的时候就经历父母分居的残酷现实，后来，父亲成了酒鬼，并因酗酒死亡。生活的重压使他的母亲患上严重的精神疾病,并被关进精神病院。卓别林也被送到当地的贫民院。

儿时的经历给卓别林造成一定的心理创伤,长大以后,对母亲病情的担忧以及感情经历的坎坷,也时常使他感到压力重重。他先是遭到初恋恋人的拒绝,后来又先后经历四次不幸的婚姻,每一次都让他悲痛难忍。他一生对初恋情人有着深深的执念,很多作品都是以她为原型创作出来的。当得知初恋情人去世时,他深呼吸,然后对自己说:"微笑吧!"

无独有偶,红遍全球的英国喜剧演员"憨豆先生"也是抑郁症患者,曾被称为"英国最富有的喜剧演员"。对此,他却说:"金钱也不能使我快乐。"

被誉为"好莱坞喜剧天王"的金·凯瑞,他主演的《变相怪杰》《楚门的世界》《冒牌天神》等电影曾给观众带来很多欢乐。可银幕下的他,却是一名长期的抑郁症患者。

或许我们会感到诧异,喜剧大师也会抑郁?或许他们习惯了使用幽默,而忘记了悲伤的正确表达方式,所以不得不用一个个笑话来掩盖自己的忧伤。

究竟是什么导致了微笑抑郁症的产生呢?我们可以从两个方面来分析。从客观条件上来讲,节奏快、压力大的社会环境在一定程度上催生了微笑抑郁症患者。我们需要和各种各样的人打交道,我们必须谨慎。客观环境要求我们表现得有修养，于是我们看似自然而然地向面子、尊严、工作屈服。我们时常因为客观需要而扮演各种各样的角色，就连我们自己也分不清楚哪个才是真实的自己。

从主观条件上来看，微笑抑郁症患者迫切地想要融入集体，作为完美主义者，他们不想成为人群中的"异类"，不想承认自己的脆弱，也不想让人看出自己不快乐，甚至觉得只有"快乐的自己"才是别人所喜欢的。

那么应该如何识别潜在的微笑抑郁症患者？怎样对待他们，才能避免一个个悲剧的产生呢？

首先，我们要有意识地捕捉他们发出的近乎微弱的"求救信号"。

比如，你发现平时爱笑爱闹的朋友，最近经常看似无意地向你传递一些消极想法，"工作好烦啊""生活一点意思都没有"，他们常常半开玩笑地透露自己最真实的想法。这些信号往往不易察觉，但事实上，他们已经在向你求救。如果你冷漠以待，他们就会放弃再次求救。

当他们说："我被生活逼成抑郁症了。"不要这样回答："年薪四十万，我想不明白你有什么好抑郁的？"应该说："快告诉我，到底怎么了。"

当他们说："最近工作压力好大啊，我好像不知道现在这样拼到底是为了什么？"不要这样回答："其实大家都一样。"应该说："你不是一个人在奋斗，跟我说说或许会好一点。"

当他们说："妈，我想回家，不想在 × × 待了，最近感觉好累啊！"不要这样回答："年轻就该奋斗，大城市机会多，忍忍就过去了。"应该说："是不是遇到什么难题了？跟妈说说，我们一起想办法。"

其次，如果你已经意识到自己可能是潜在的微笑抑郁症患者，希望你可以这样做。

第一，摘掉"微笑面具"，坦白说出自己的痛苦，正视自己的负面情绪，有时候不需要"太懂事"。

第二，你不需要讨好任何人，勇敢学会说"不"。宁可伤害自己，也不拒绝别人，这是对自己的不友善，你只需要做真实的自己。

第三，寻求帮助，可以找值得信赖的朋友倾诉，或者寻求专业的心理指导。

第七章

做高情商的生活智者

把眼界放宽才能让眉头舒展

高情商的人一定是一个可以正视自己的不足，并以积极乐观的心态地面对人生挫折的人。人生路上不可能一帆风顺，而面对挫折时，一个人的意志力、抗压能力、心态都在一定程度上预示着他情商的高低。

不知你身边是否有这样的人，他们永远积极向上，紧锁的眉头似乎永远不会出现在他们身上；他们看起来谦谦有礼、温和从容；他们的笑容永远那么有感染力，俨然一副乐天派的样子。

难道他们的生活从不曾有阴霾吗？事实上，他们正是经历了惊涛骇浪，才拥有现在的从容与乐观。

有这样一个女孩，身边熟识她的人都说："她就像自己的太阳，不仅可以时刻给自己注入能量，还能尽最大努力去照亮别人。"

但你可能很难想象，早在三年前，她被查出患有很严重的肾炎。这种病让她不能从事过于繁重的工作，有时候很轻微的一场感冒就会让她旧病复发。病情严重的时候，还要摄入一定剂量的激素类药物，而这类药物更会使她姣好的脸庞和身材变得臃肿不堪。

疾病的困扰或许会影响她的容貌，却丝毫不影响她乐观豁达的心。

去她家做客的人都知道，她家是个只适合三口之家的房子，再多出一个人都会显得局促。但是她把这个小小的家收拾得井井有条、异常温馨：客厅里摆放的是再普通不过的原木色春秋椅、茶几和电视柜，但铺在椅子上的坐垫着实吸人眼球。那是很精致的田园刺绣图案，下摆的位置还特意留出精美的褶皱。看得出来，这套垫子被浆洗过很多次，颜色已经泛白，却在无意中透露出恰到好处的美妙。更让人不敢相信的是，这精美的刺绣正是出自她手。

除此之外，墙上还挂着一些色彩斑斓的收纳袋，那些都是用旧衣服、床单甚至袜子做成的。还有一些快递盒，通过她的一双巧手，完美地变身为儿子的玩具收纳柜。

记得有一次，我带女儿过去玩。她用一个浅绿色的玻璃果盘端上来一个美丽的"彩虹"，从上到下依次是草莓、橙子、香蕉、猕猴桃、蓝莓，除蓝莓以外，其他水果都被切成小块，最下面还有一小堆坚果。满满一盘水果被女儿一扫而光，她脸上也是满满的成就感。

她的经历让我不由得联想到"蚌病成珠"。珍珠的珍贵程度和蚌承受痛苦的程度是成正比的。蚌在海里会一张一合，吸入大量的泥沙。在与泥沙不断摩擦的过程中，蚌的肉身会感觉到无比痛苦，随之分泌大量的黏液进而形成光泽璀璨的珍珠。而沙越大，蚌越痛苦，才会形成一颗无论在个头还是光泽上都堪称完美的珍珠。

在面对人生的阴霾时刻时，不应该把目光仅仅局限在眼前的得失，那只会让我们更加痛苦。与其眉头紧锁，沉浸在一朝得失的痛苦中，不如适时开阔自己的眼界，给自己一份勇气与乐观，化悲痛为力量。

有一位成功的企业家，原本身家数亿，可在一夜之间就变成一无所有的穷光蛋。不仅如此，他还因为这次失败背负了 500 万元的债务。他并没有因此颓废、躲避，而是坚信自己总有一天会东山再起。几年之后，他再次拥有巨额财富，并偿还了所有的债务。他接受采访时说："我有今天的成功，是因为我从不会活在阴霾下。积极乐观是我们家族的传统，记住，任何人和事总有它阳光的一面，心怀希望才不会一蹶不振。"

眉头紧锁，是因为我们把眼光全部聚焦在了事情消极的方面，这就是我们和他最大的区别。

我们所有烦恼的根源都是自己。我们身边也不乏这样消极的人，当他们不够优秀的时候，会嫉妒；当不够从容的时候，会焦虑；当不够坚强的时候，会悲伤；当不够大度的时候，还会生闷气。但不管他们是否明了这份烦恼的来由，可以确定的是，每一个烦恼都在昭示着：面对自己的不完美，他们真的不够豁达。

再完美的天然珍珠，或多或少都会有一定的瑕疵，或是极小的坑点，或者是一圈圈的细微生长纹，但这些瑕疵的存在却丝毫不会影响它们的美，那是因为珍珠耀人的光辉已经足以掩盖这些微不足道的缺憾。

做人应该学珍珠，不仅要正视自身的不足，还要充分发挥自身的优势，直到这份优势强大到"瑕不掩瑜"的地步。我们更应该正视人生的挫折与坎坷，舒展紧锁的眉头。

首先，我们需要丰富自己的知识储备。可以充分利用独处的时间读几本好书，也可以在人际交往中取人之长补己之短，增长知识，还可以开阔自己的眼界。

其次，培养积极乐观的心态。人生不如意十之八九，有了好的心态，你就已经成功一半。

成长的过程会让你感到艰难，但时过境迁，你会发现，事事计较的烦恼不知在何时已经离你而去，曾经遍布的阴霾也早已烟消云散。现在的你，独留一份乐观与豁达，尽情享受所有的"不完美"。

取悦自己的同时不伤害别人情感

有一次，我去银行办事，同在等待区的一对年轻情侣好像发生了一些不愉快。可以看得出来，女孩的面部表情显得极不自然。男孩百般讨好，想要终结这些不愉快，但每次刚一开口，女孩就会说"闭嘴""你烦不烦""还不都是因为你惹我生气""每次都是这样，我真是受够了"等。接下来就是两人无尽的沉默，后来女孩忽然站起来，愤愤离去。

整个过程中，看似女孩在表达自己内心的不满情绪，其实不然，心理学上讲，她的行为只是无效的情绪表达，更确切地讲，她所谓的"表达"只能叫做情绪发泄。

在日常生活中，我们习惯性地用"少啰嗦""烦不烦"来模糊表达内心的愤怒或者不耐烦；习惯性地用"别问了""别闹了"等虚假的情绪语言来表达内心难以排遣又不明来由的负面情绪；习惯性地使用"都是被你害的""都是因为你"等语言来表达感受。我们甚至习惯性地用沉默来表达内心的不快。其实不知不觉中，我们已经陷入无效表达的泥沼中。

但这样做的结果是什么呢？女孩摔门而去。这样的案例在我们身边随处可见，两个人相处久了，一旦发生矛盾，不是争吵不休，就是无休止的冷战，结果问题没有得到解决，反而像雪球一样越滚越大。

归根结底，还是因为我们在沟通的过程中没有正确表达自己的情绪和感受。那究竟怎么做才是正确地表达情绪呢？

首先，培养用第一人称表达自己的感受。

因为用"我""我们"来表达自己的情绪，可以明确地让对方知道你是在表达自己的感受，还可以避免伤害对方。

例如"你怎么能这么做呢"改为"我现在感觉很受伤"，用第一人称，不仅使情绪表达得很到位，还不会让对方感觉被刺痛，进而开展下一步沟通。

其次，正确地对你的情绪进行描述。

生活中不乏这样的例子，比如，当一个小朋友吃到久违的冰淇淋时，她会这样说："吃冰淇淋太开心了，感觉就像要飞起来一样。"再如，我们极度生气的时候，常会说："我简直要被气炸了。"

适当运用一些夸张的语言来表达自己的情绪，可以让人很直观地了解你当前的感受。

最后，还有一点需要提醒大家，对情绪的一味压抑，不是正当的情绪表达方法。

在人际交往的过程中，也许我们都会有这样的感受，因为碍于情面，而"不忍心"拒绝别人，最终的结果却是把自己置于矛盾又不安的境地。

肖敏的宿舍一共四个人，本来大家商量好，两人一组，每天打四壶水。但是和肖敏一组的小千，却每次都因为各种各样的理由逃避打水。为此，小敏每次都要跑两趟，她心里很不喜欢小千的这种行为，但是由于找不到很恰当的方式来表达内心的情绪，又怕影响了舍友之间的关系，只能一味忍让。

肖敏的一再忍让，明显将自己置于苦恼的境地。其实当我们不好意思拒绝朋友的要求时，可以事先表明态度。面对小千的"占便宜"行为，肖敏可以这样答复："我也想帮你，但我现在必须尽快赶到图书馆。"

比如，你正要去参加一个非常重要的讲座，刚出门就碰到朋友来找你一起去喝酒。朋友特意上门相约，你实在不好意思拒绝，但是讲座对你来说又非去不可，怎么办呢？

这时候，你可以采取积极暗示的办法来表示拒绝。你可以很自然地掏出讲座的邀请函，并邀请朋友一起去参加。我想他很快就能明白他的邀请影响了你的计划。

一再压抑自己的感受，只会让自己沉浸在循环往复的负面情绪中不能自拔。举个最简单的例子，如果把各种各样情绪的产生比作吸气，而把情绪的表达比作呼气，试想一下，如果我们任由坏情绪吸入，只能憋着而不呼出，长此以往，这不仅会让我们的身心都感到异常疲惫，还会让我们看起来和这个社会格格不入。

表达自己最完美的状态就是，在表达自己内心真实情绪、取悦自己的同时，又不伤害到别人的感情。

　　说到著名艺人杨幂，大家想到的除了她让人羡慕的颜值以外，恐怕还有她的高情商。记得有一次，在时尚芭莎晚会上，邓超上演了实力"坑"杨幂的戏码。他说杨幂唱歌很好听，顺势请杨幂献歌一曲。杨幂的歌喉大家都是知道的，可是邓超一再起哄，杨幂唱也不是，不唱也不是，颇为为难，但她只用一句话就委婉且明确地表达出自己不想唱歌的意愿，她说："我唱歌，那谁来伴舞啊？"邓超的舞姿大家也是有目共睹的，所以邓超溜之大吉，杨幂也给自己解了围。

　　杨幂总是能巧妙地避开娱乐圈的"坑"。生过宝宝的人都知道，生产过后，由于雌激素水平急速下降，产后妈妈都会经历脱发的"劫难"。杨幂也不例外，面对网友对自己发际线的调侃，她并没有生闷气，而是大方在微博回应道："我是一个禁不起任何批评的人，如果你们批评我，那我就去植发。"

　　不禁感慨，杨幂情商确实是高，面对种种质疑、种种被"黑"，她总是能把自己的感受表达得恰到好处，又不伤害到网友。

　　只有当我们学会表达自己内心真实感受的时候，身心才会感受到前所未有的愉悦，也会因此享受更加快乐的人生。

勇敢正视并不完美的自己

清晨的阳光透过阳台的窗户直射进来，躺在沙发上宿醉未醒的青青尽了全力，依然没能睁开双眼。沙发的角落里是倒得歪七扭八的易拉罐，用来泄愤的抱枕已经飞出八丈远。茶几上刚刚展露出生机的文竹被电视遥控器砸得东倒西歪。她想要喝水，水杯里却一滴水也没有，不远处的饮水机也是空空如也。

青青自己也数不清，这是第几次醉酒了。她常说："相比诗和远方，眼前拥有的尽是苟且。"看着镜子中的自己，头发凌乱不堪，面容黯淡无光，她也一遍遍地问自己："我是谁？我怎么变成现在这个样子？"

有人曾说，世界上最难画的就是自己的画像。之所以会这么说，很大程度上是因为我们无法看清自己。而那些情商高的人，他们说话、做事总是很有分寸，总是让人感觉到如沐春风般的舒适；他们把生活安排得井井有条，处处彰显出一份淡定与从容。

他们没有缺点吗？答案当然是否定的。相比一般人，他们只是更加了解自己，更清楚知道自己的优势在哪里，弱势又在哪里。他们会选择相对有把握的事情去做，并发挥出自己的最大优势。想要提升情商，首先应该做的就是给自己一个准确的定位，知道自己是谁，又知道自己不是谁。

俗话说："人贵有自知之明。"要想准确定位自己，就必须先做到自知。

首先，不低估自己，明确自己的优势和劣势。

很多人在面试的时候，都被问过这样的问题，"你的爱好是什么？""你有哪些特长？"这些看似老掉牙的问题，正是 HR 在考察你对于自身优势和劣势的了解程度。如果这些问题让你感到一时哑口无言，那只能说明，你根本不了解你自己。

不了解自己的人，在遇到挫折的时候或许会自怨自艾，抱着得过且过的态度对待身边的人和事，失去继续前进的动力；他们或许会感觉到无助与迷茫，看不到未来的路在哪里，甚至把自己的缺点无限放大，直到怀疑自己存在的价值；他们或许会开始抱怨这个社会资源分配的不公，也为自己处于社会的弱势地位感到愤恨。

其实，可以站在金字塔顶的除了雄鹰，还有蜗牛。纵然雄鹰拥有矫健有力的翅膀，可以轻而易举地站在塔顶，但蜗牛凭借自身锲而不舍的精神，也可以到达成功的巅峰。人生有两件事不能做，一件是高估别人，还有一件就是看轻自己。

即使生活中的我们像蜗牛一样平凡，没有过人的天资，也没有得天独厚的资源，我们没有那么优秀，好像也不会有一鸣惊人的机会，但也必须正视自己，正视这个世上独一无二的自己。

关于如何可以客观地认识自己、定位自己，大家可以参考以下三点。

第一，要有面对自己的勇气。这一点很重要，如果我们连面对自己的勇气都没有，又谈何"解剖"自己呢？

第二，"以人为镜"。通过和身边的人交往，认识到自己的真实性格，从而找到适合自己的位置。

第三，"以史为鉴"。过往的经历，不论是成功还是失败，都为我们提供了认清自己的机会，可以从中明确自身存在的优势和劣势。

其次，不狂妄自大，知道人外有人、天外有天。

在生活中，我们总能接触到很多不可一世的人。他们目空一切，好像对谁都不屑一顾；他们戴着"自大"的帽子，走路的时候鼻孔朝天，说起话来更是颐指气使。

他们不由自主地屏蔽外界一切有效信息，失去对新奇事物的好奇心，就这么故步自封，心甘情愿做了井底之蛙，还不自知。或许他们还失去思考问题的能力，把关注的重点放在他人的态度和评价上。他们任何时候都自我感觉良好，并且认为自己做的、说的一切都是对的，拒绝接受任何建议和反驳。他们从不会站在对方的角度上去思考问题，说话难听，待人苛刻，根本不会考虑身边人的感受。

这类人总以为自己"与众不同"，但这样的想法正在使他们变得平庸。他们盲目高估自己，一旦遭遇无法挽回的失败，往往会彻底失去人生的方向。

萧伯纳，是世界著名的擅长运用幽默与讽刺的语言大师，因《圣女贞德》获得诺贝尔文学奖。

在一次盛大的晚宴上，一个不可一世的年轻人碰巧和萧伯纳同坐一席。席间，这个年轻人一直滔滔不绝地吹嘘自己走南闯北的见闻，表现得好像自己上知天文、下知地理，世间万物无一不知、无一不晓。

刚开始，低调的萧伯纳只是专心吃饭，缄口不言。可这个自大的年轻人非但没有就此打住，反而愈加"口无遮拦"。萧伯纳忍无可忍，于是对他说："年轻的朋友，我想如果你我联手的话，天下就没有我们不知道的事情了。"

年轻人不屑地说道："我看未必吧！"

萧伯纳说："怎么不是呢？你看天下之事你尽收囊中，可唯独不晓得一点，那就是夸夸其词，会使美味的菜肴变得索然无味，而我恰好知道这一点。"

陶醉在自我吹嘘的年轻人，很快意识到自己的狂妄与自大，羞愧地离开了餐桌。

相比低估自己的卑微，狂妄自大更加不可取。因为趴在路上的人不会面临被摔死的险境，而自认"高视"、身处山巅的人，往往看不到深邃的悬崖就在脚下，身处险境而不自知。简单来说，就是"登高难免跌重"。

　　不管是在工作、学习中，还是与人相处的过程中，我们都应该本着谦虚的态度。人无完人，我们并没有自己想象的那么完美。正视自身的不足，才能在人生道路上不断认识自我，并完善自我。

　　不畏首畏尾，也不狂妄傲慢，不因盲目自信而得意忘形，也不因平凡无奇而懊恼叹息。找准自己的位置，凡事都要量力而为，这才是高情商的人应该做的，也是打造品质生活的较佳途径。